U0338040

21世纪高职高专艺术设计规划教材

室内设计手绘技法

刘雅培　李剑敏　编　著

清华大学出版社

北　京

内 容 简 介

本书共分七章,分别介绍了手绘基础知识、单体家居陈设技法表现、组合家居陈设技法表现、室内空间透视原理、住宅空间效果图表现、公共空间效果图表现、综合实训作品。作者在突出应用透视原理绘制方案设计及表现图的同时,由浅入深、循序渐进并以图文并茂的形式详细阐述了徒手绘制效果图的技法和步骤,从而达到快速提高学生手绘能力的效果。

本书内容丰富,理论结合图例进行讲解,剖析细致,条理清晰,语言朴实。适用于高等院校及高职高专、中职艺术设计类专业一、二年级的学生,同时还可以作为手绘爱好者的自学辅导用书。

图书在版编目(CIP)数据

室内设计手绘技法/刘雅培,李剑敏编著. —北京:清华大学出版社,2013.3
(21世纪高职高专艺术设计规划教材)
ISBN 978-7-302-31316-8

Ⅰ. ①室… Ⅱ. ①刘…②李… Ⅲ. ①室内装饰设计－绘画技法－高等职业教育－教材 Ⅳ. ①TU204

中国版本图书馆 CIP 数据核字(2013)第 012260 号

责任编辑:张龙卿
封面设计:徐日强
责任校对:袁 芳
责任印制:杨 艳

出版发行:清华大学出版社
　　　　网　　　　址:http://www.tup.com.cn, http://www.wqbook.com
　　　　地　　　　址:北京清华大学学研大厦 A 座　　　邮　　编:100084
　　　　社 总 机:010-62770175　　　　　　　　　　邮　　购:010-62786544
　　　　投稿与读者服务:010-62776969, c-service@tup.tsinghua.edu.cn
　　　　质 量 反 馈:010-62772015, zhiliang@tup.tsinghua.edu.cn
印 刷 者:北京鑫丰华彩印有限公司
装 订 者:三河市新茂装订有限公司
经　　销:全国新华书店
开　　本:210mm×285mm　　　印　　张:9.25　　　字　　数:261千字
版　　次:2013 年 3 月第 1 版　　　　　　　印　　次:2013 年 3 月第 1 次印刷
印　　数:1～3000
定　　价:49.00 元

产品编号:051377-01

前　言

　　高职高专教育是我国高等教育的重要组成部分。高职教育室内设计专业人才培养的目标是为社会提供未来的室内设计师。"室内设计手绘技法"是室内设计、装饰艺术设计、装潢艺术设计等专业十分重要的专业技能基础课，不仅要为后续的方案设计、施工图设计等课程打下坚实的基础，而且也是学生将来作为一名室内设计师与客户建立良好沟通的一项关键技能。

　　本书根据作者多年的教学实践和设计实践的经验编写而成，采用了"化难为易、化繁为简"的方法进行教学设计。本教材内容丰富、结构清晰、安排合理，并配有大量精选的典型案例、图例和练习。学生学习后能快速掌握手绘效果图的表现技法，大大提高方案设计能力、交流沟通能力，并增强创新意识和艺术修养，从而达到实际工程技术要求的水准，真正做到学以致用，为将来迅速适应工作岗位打下坚实的基础。

　　本书第一章介绍了手绘基础知识，内容包含手绘工具的介绍，用线、上色、材质表现等。第二章介绍了单体家居陈设技法的表现方法。第三章介绍了组合家居陈设技法的表现方法，将室内家居陈设做了步骤图的分解并配有大量的练习资料，供学习者使用。第四章介绍了室内空间透视原理，将一点透视、两点透视、三点透视通过实现步骤图进行分析，引导大家了解从透视理论到实际效果图绘制的步骤。第五章介绍了住宅空间效果图的表现方法，分别介绍了客厅、卧室、餐厅、厨房、书房、卫浴间的手绘方案设计方法，并以理论结合案例进行介绍。第六章介绍了公共空间效果图的表现方法，分别通过酒店及餐饮、娱乐、办公空间的案例进行技巧的讲解。第七章介绍了学生的综合实训作品。大家如能坚持按照书中方法学习，在短时间内设计水平即可有很大的提高。

　　作者以本书针对的课程参加了 2012 年"神州数码杯"全国职业信息化大赛，荣获三等奖。

　　本书由福州软件职业技术学院数字媒体设计系专业教师刘雅培、李剑敏老师编写。由于编者学术水平有限，教材中如有不足之处，还望广大读者批评指正！

编　者

2013 年 1 月

目　录

第一章

手绘基础知识

SHINEISHEJISHOUHUIJIFA

SHINEISHEJISHOUHUIJIFA

SHINEISHEJISHOUHUIJIFA

课程内容

对手绘效果图的初步认识；材料及工具的介绍；手绘的几种表现形式；手绘需要掌握的基本用线、上色及材质表现、透视图的构成元素。

知识目标

通过对基础知识的学习，使理论体系与实践操作能有机结合。

能力目标

提高动手绘制图稿的能力，为下一步学习打下扎实的基本功。

第一节　手绘效果图的初步认识

一、学习手绘效果图的意义

手绘效果图广泛应用于室内、建筑、景观、工业、服装等设计领域，它能方便、快捷、有效地传达设计者的构思意图，并让设计师以直观的方式分析和研究设计方案，从而有效建立与客户沟通的桥梁。本课程的学习对于提高设计者方案构思能力、交流沟通能力、创新意识与艺术修养会起到很大的帮助作用。（图1-1）

↑ 图　1-1

二、室内手绘效果图的特性

（1）真实性

手绘效果图表现的效果必须符合设计的客观环境，如室内空间尺度、家具比例等都要符合它们的真实性。另外，在整体设计风格基础上的立体造型、材料质感、灯光色彩、绿化等方面都必须符合设计师所设计的效果和气氛。无论是起稿、作图或对光影、色彩的处理,都必须遵从透视学和色彩学的基本规律与要求,要以一种严谨而科学的态度认真对待每一幅设计图。

(2)艺术性

绘制的手绘效果图既要达到工程施工图的要求,也要适当运用艺术手法进行修饰。

(3)创新性

室内设计的本质在于创造不同的生活和工作场景,从而给人们不同的生活体验。绘制效果图时需紧紧围绕设计主题,将设计内容与设计意图及与众不同之处恰当地表现出来。

(4)便捷性

手绘效果图的表达方式比建立模型、制作3D效果图更方便、快捷。

三、学习者应具备的能力与条件

手绘效果图学习者必须有素描、速写等绘画基础功底,并能准确把握透视规律、比例尺度、材料质感、灯光色彩等方面知识,以便将设计的构思意图准确恰当地表现于二维平面上。(图1-2)

✿ 图 1-2

第二节 手绘材料及工具介绍

1. 纸

纸的选择应随作图的形式来确定,绘图时必须熟悉各种纸的性能。

室内设计手绘技法

- 复印纸：纸质中等，表面光洁，易画铅笔线，耐擦，稍微有点吸水，适用于彩铅与马克笔绘图。
- 绘图纸：纸质较厚，结实耐擦，表面较光滑，不适宜水彩画，适宜水粉画，可用钢笔淡彩及马克笔、彩铅、喷笔绘图。
- 色卡纸：色彩丰富，可根据画面内容选择适合的颜色基调。
- 硫酸纸：半透明，常作拷贝、晒图用，宜用针管笔和马克笔。遇水易收缩起皱。

在绘图时，我们一般选用绘图纸、复印纸（绘制好线稿后直接上色），或者采用硫酸纸（用针管笔描线稿，再用马克笔上色）进行效果图绘制。（图 1-3）

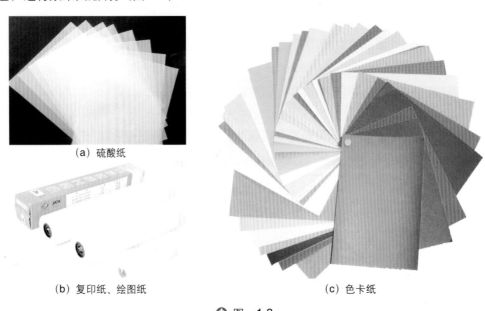

（a）硫酸纸

（b）复印纸、绘图纸　　　　　　　　（c）色卡纸

✿ 图　1-3

2. 笔

签字笔、针管笔、记号笔、美工笔均宜书宜画，使用起来方便快捷，是设计师进行速写、勾勒草图和快速表现的常用工具。握笔的姿势、运笔的用力及笔头触纸的方向均有讲究，可多摸索尝试，熟能生巧。此外，上色工具宜选用马克笔与彩铅。（图 1-4）

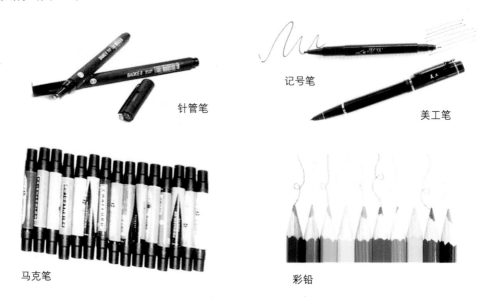

记号笔

针管笔

美工笔

马克笔　　　　　　　　　　　　　　彩铅

✿ 图　1-4

4

购买马克笔时可选择的色彩如图 1-5 所示。

✚ 图　1-5

3．其他辅助工具

三角板、丁字尺、曲线尺、比例尺、橡皮擦、修正液等。（图 1-6）

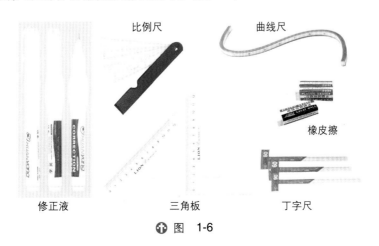

✚ 图　1-6

第三节　手绘的表现形式

　　室内表现技法种类很多,应根据客观条件和个人的能力与习惯选择合适的表现技法。下面介绍几种常用技法,供大家练习时参考。

1．彩色铅笔画技法

　　彩色铅笔在绘画中是最常用的一种工具,宜选用水溶性的,通常可购买德国"美辉"牌子。

　　在室内表现图中,我们要学会根据对象的形状、质地等特征有规律地组织、排列线条,还可用水涂色取得浸润感,然后用手指或纸擦笔抹出柔和的效果。(图1-7)

↑ 图　1-7

2．马克笔表现技法

　　马克笔表现技法效果如图1-8所示。

↑ 图　1-8

马克笔是手绘效果图快速表现较为理想的主要表现工具之一。目前多为进口,色彩系列丰富,多达百余种。创作时宜选用油性的。马克笔的品种较多,其中美国"三福"牌的马克笔,笔头为圆头,具有较好的品质,用笔相对灵活,建议采用。(图1-9)

另外韩国的 Touch 牌马克笔的笔头为扁头,可对相对坚硬、规整、平直的造型进行赋色与材质表现。(图1-10)

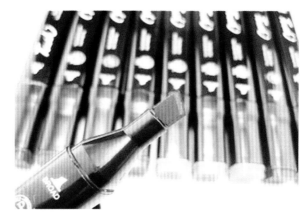

✚ 图　1-9　　　　　　　　　　　　　　　　　✚ 图　1-10

马克笔使用方面有如下特点。

(1)在色彩选择上以中性色为主。马克笔的色彩不像水粉、水彩那样可以修改与调和,因此在上色之前要对颜色以及用笔做到心中有数,一旦落笔就不可再犹豫,下笔一定要准确、利落,并注意运笔的连贯,一气呵成。

(2)马克笔上色后不易修改,一般应先浅后深,上色时不用将色铺满画面,应有重点地进行局部刻画,画面会显得更为轻快、生动。马克笔的同色叠加会显得更深,相反若多次叠加则无明显效果,且容易弄脏颜色。

(3)马克笔的运笔排线与铅笔画一样,应根据不同场景与物体形态、质地、表现风格来选用。不要把形体画得太满,要敢于"留白"。用笔要随形体走,方可表现形体的结构感。画面不可以太灰,用色不能杂乱,要有明暗和虚实的对比关系。

(4)在硫酸纸上进行小面积修改时,可以选用0号笔(透明无色)进行修改。

3．水彩、水粉表现技法

水彩绘制效果细腻且色彩丰富,可以达到理想的效果,但需用水调和颜料,相对较麻烦,如图1-11所示。水粉表现可以达到非常逼真的效果,但时间相对较长,如图1-12所示。

✚ 图　1-11　　　　　　　　　　　　　　　　　✚ 图　1-12

4．喷笔表现技法

喷笔的艺术表现力惟妙惟肖,刻画的物体或场景尽善尽美、独具一格,明暗层次细腻自然,色彩柔和,能达到类似实景照片的效果,但绘图时间也相对较长,如图1-13所示。

5．计算机软件结合手绘

手绘结合Photoshop进行上色,或者是直接用数位板来绘制,效果好,作品细腻生动,修改方便,但不便于在跟客户交流时绘制,且没有直接手绘的灵活性。图1-14所示为用计算机软件手绘的作品。

✦ 图 1-13　　　　　　　　　　　　　　　　✦ 图 1-14

第四节　线的练习

为了能使画面的光影和材质看起来更加真实,在绘画中需要通过排线的方式表现光影的过渡、质感的区别。

（1）线的排线表现方式。（图1-15）

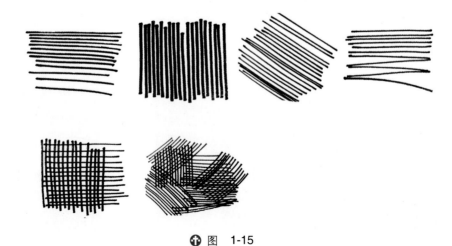

✦ 图 1-15

（2）线的肌理与排线方式。（图 1-16）

（3）不规则线形的绘制。（图 1-17）

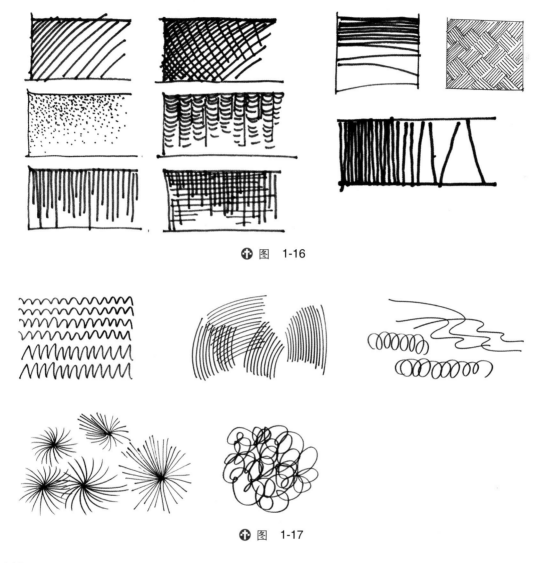

✪ 图　1-16

✪ 图　1-17

课堂练习

线条练习。

第五节　上色练习

一、色彩的重要性

在透视关系准确的骨骼上赋予恰当的明暗与色彩，可完整地体现一个有血有肉和具有灵魂的空间形体。人们就是从这些外表肌肤的色光中感受到了形的存在，感受到生命的灵气。作为训练的课题，要注重"色彩构成"基础知识的学习和掌握；注重色彩感觉与心理感受之间的关系；注重各种上色技巧以及绘图材料、工具和笔法的运用。

二、上色表现

1. 彩铅的色彩过渡练习（图 1-18）

↑ 图　1-18

↑ 图　1-19

2. 马克笔上色练习（图 1-19）

（1）马克笔快速手绘设计表现

马克笔的笔法（图 1-20）——也称为笔触，一般分为以下几种。

① 点笔——多用于一组笔触运用后的点睛之处；

② 线笔——可分为曲直、粗细、长短等变化；

③ 排笔——指重复用笔的排列，多用于大面积色彩的平铺；

④ 叠笔——指笔触的叠加，体现色彩的层次与变化；

⑤ 乱笔——多用于画面或笔触收尾所用，形态往往随作者的心情所定，可表现慷慨激昂的情绪，但要求作者对画面要有一定的理解与感受。

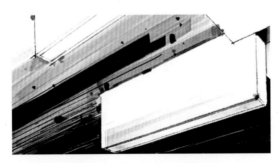

（a）点笔、线笔与排笔的表现效果

（b）排笔与乱笔的表现效果

↑ 图　1-20

（c）叠笔的表现效果

⊕ 图 1-20（续）

（2）马克笔单色色块表现

要把握马克笔的上色技法，可以先进行基础色块练习。

① 暖色系。（图 1-21）

② 冷色系。（图 1-22）

③ 灰色系。（图 1-23）

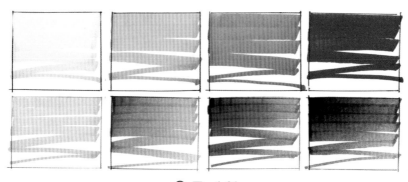

⊕ 图 1-21

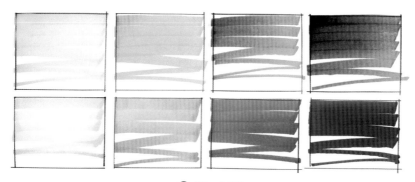

⊕ 图 1-22

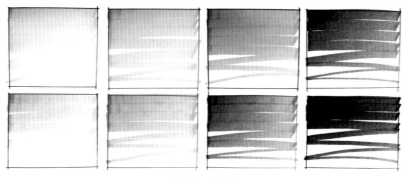

⊕ 图 1-23

④ 马克笔色块叠加：选用同类色进行叠加。（图 1-24）

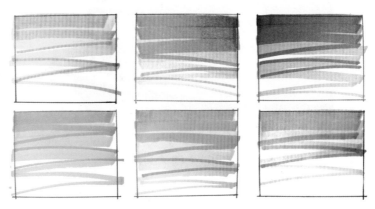

⬆ 图　1-24

课堂练习

彩铅与马克笔上色练习。

第六节　材质表现

一、石材

石材坚硬冰冷，一般选用冷色系来表现。用笔力度强硬，可前重后轻。绘制纹理时可用针管笔、彩铅进行纹理等细节的刻画。（图 1-25）

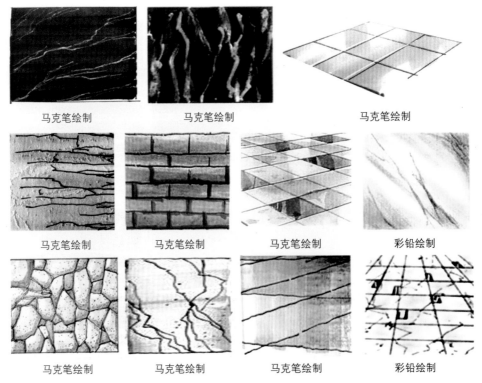

马克笔绘制　　　马克笔绘制　　　马克笔绘制

马克笔绘制　　　马克笔绘制　　　马克笔绘制　　　彩铅绘制

马克笔绘制　　　马克笔绘制　　　马克笔绘制　　　彩铅绘制

⬆ 图　1-25

二、木材

木材宜选用暖色系来上色,对于纹理的表现可以采用彩铅或者细头马克笔体现。(图1-26)

三、金属与玻璃

金属与玻璃也是坚硬冰冷的物体,可用蓝紫色、冷灰色表现,用笔力度需肯定有力,受光处应留白。
(图1-27)

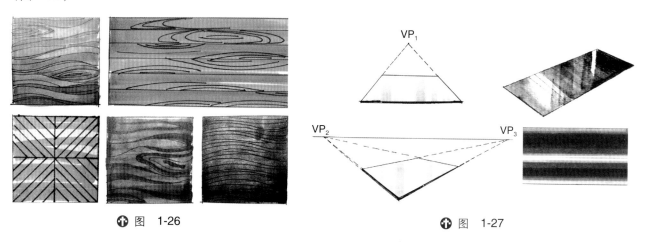

⊕ 图 1-26   ⊕ 图 1-27

四、藤

绘制藤时用线较软,且宜用暖色调上色,注意虚实结合画法。(图1-28)

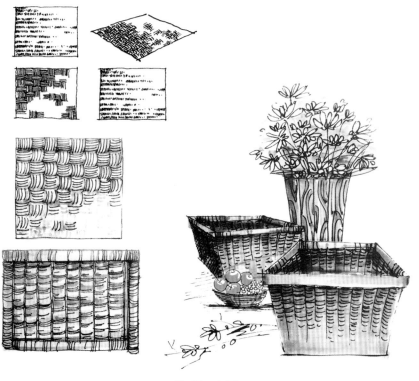

⊕ 图 1-28

五、布艺与软包材质

布艺与软包材质用冷暖色调上色均可,用马克笔时可依据纹理进行概括绘制,彩铅则可以表现得相当细腻。(图 1-29)

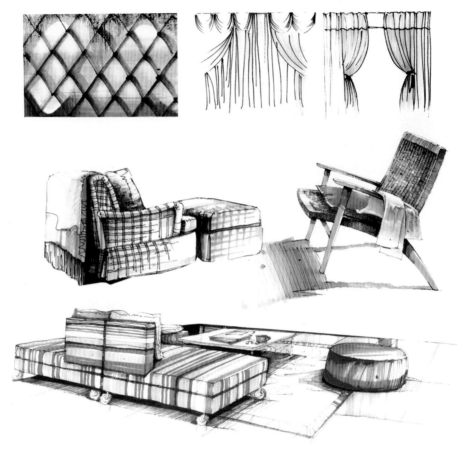

✿ 图　1-29

课堂练习

绘制石材、木材、金属与玻璃、藤质、布艺、软包等,注意它们的手绘技法与上色效果。

第七节　透视图的构成元素

一、准确的透视是效果图的形体骨骼

设计构思是通过画面艺术形象来体现的,而形象在画面上的位置、大小、比例、方向的表现都是建立在科学的透视规律基础之上的。违背透视规律与人的视觉平衡,画面就会失真,也就失去了美感的基础。因而,必须掌握透视规律,并应用其法则处理好各种形象,使画面的形体结构准确、真实、严谨、稳定。

除了对透视法则的熟练与运用之外,还必须学会用结构分析的方法来对待每个形体的内在构成关系和各个形体之间的空间联系,这种联系就是构成画面骨骼的纽带和筋腱。学习结构分析的方法主要依赖于结构素描(也

称设计素描）的训练，特别要以正方体作感性的速写练习，以便更加准确、快捷地组合起这副骨骼。

二、透视学原理

透视图即透视投影，在物体与观者之间，假想有一透明平面，观者对物体各点射出视线，与此平面相交之点相连接所形成的图形，称为透视图。视线集中于一点即视点。

透视图是在人眼可视的范围内。在透视图上，因投影线不是互相平行集中于视点，所以显示物体的大小并非真实的大小，有近大远小的特点。形状上，由于角度因素，长方形或正方形常绘成不规则四边形，直角要绘成锐角或钝角，四边不相等，圆的形状常显示为椭圆。

我们常把透视图分为一点透视、两点透视和三点透视。它们之间的区别在于对象的三个主视方向与投影平面的平行个数不同。

三、透视的基本术语

观察图 1-30，理解、掌握透视术语。部分术语说明如下。

（1）EP 视点：视者观察物体眼睛的位置。

（2）SP 立点：视者站立的位置。

（3）PP 画面：人与物体间假想的平面。

（4）GP 基面：放置对象物的平面。

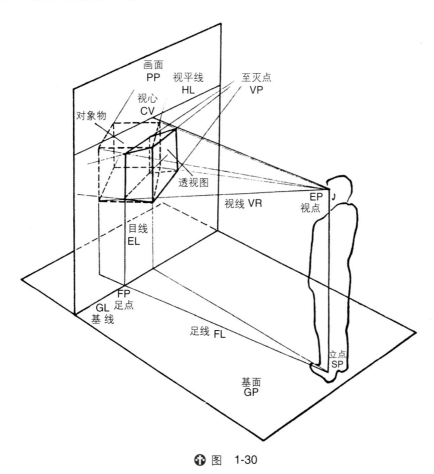

↑ 图 1-30

（5）GL 基线：画面与基面的交接线。

（6）HL 视平线：与画者眼睛平行的水平线（一般为 1.5m）。

（7）CV 视心：也称心点，视点在画面上投影的点。

（8）VR 视线：由视点放射到物体的线段。

（9）VP 灭点：与视平线同高，物体平行边在无穷远处交会集中的点。

第二章

单体家居陈设技法表现

SHINEISHEJISHOUHUIJIFA

SHINEISHEJISHOUHUIJIFA

SHINEISHEJISHOUHUIJIFA

课程内容

单体家居陈设技法表现；分解步骤的练习。

知识目标

掌握一点与两点透视并将其应用于家具物体中。

能力目标

提高动手绘制透视家具物体的能力。

第一节 单体家具透视表现

一、一点透视原理应用于单体家具

一点透视又称为平行透视，由于在透视的结构中只有一个灭点，因而得名。它是一种表达三维空间的方法。当观者直接面对景物，可将眼前所见的景物表达在画面之上。通过画面上线条的特别安排来组成人与物，或物与物的空间关系，令其具有视觉上的立体感与距离的表象。（图2-1）

在绘制室内手绘图中，经常遇到圆形物体的造型，如圆桌、台灯等。图2-2以圆桌为例创作，绘图时强调圆的透视规律中的"近大远小"。

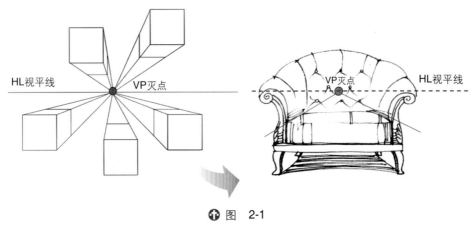

↑ 图 2-1

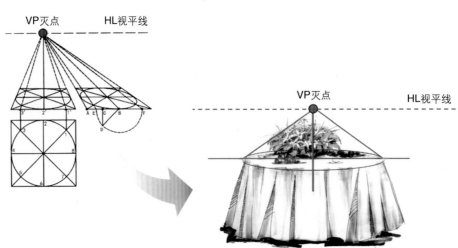

↑ 图 2-2

二、两点透视原理应用于单体家具

两点透视又称为成角透视,由于在透视的结构中有两个灭点,因而得名。成角透视是指观者从一个斜摆的角度,而不是从正面的角度来观察目标物。因此观者看到各景物不同空间上的面块,也会看到各面块消失在两个不同的灭点上。这两个灭点皆在视平线上。成角透视在画面上的构成,先从各景物最接近观者视线的边界开始。景物会从这条边界往两侧消失,直到水平线处的两个灭点。(图 2-3)

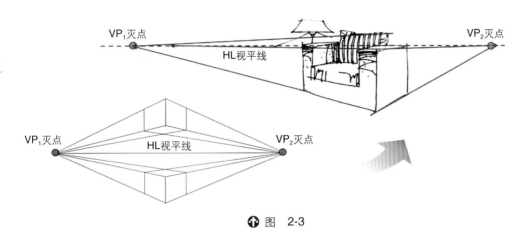

⊕ 图 2-3

课堂练习

1. 以方块体的造型,绘制一点及两点透视图。

2. 以圆柱体的造型,绘制一点及两点透视图。

第二节 手绘室内单体家具陈设

一、对家具的简单介绍

家具是室内设计中的重要组成部分,室内设计的目的是创造出一个舒适的工作、学习、生活环境,而家具是其中必不可少的环节。首先,家具的设计不能脱离整个室内空间的设计,家具设计的好与坏应该放到一定的室内环境里去评判,而不应该片面地只看家具本身。从另一方面讲,家具对于室内环境气氛的营造也起着至关重要的作用。同一个空间摆上不同的家具,就会呈现出不同的风格样式,这也是在室内设计时常用的手法之一。

现在的家具设计除了要满足功能的需要外,更注重家具本身所表达的精神概念。也就是表达人的情感和情绪。比如,家具可以表达使用者的地位和尊严,也可以显露出使用者的性情和爱好。(图 2-4)

二、手绘沙发透视图例

思考下面的沙发是几点透视绘制而成? 试找出视平线与灭点。(图 2-5)

(1)沙发一点透视绘制步骤图。(图 2-6)

(2)沙发两点透视绘制步骤图。(图 2-7)

❶ 图　2-4

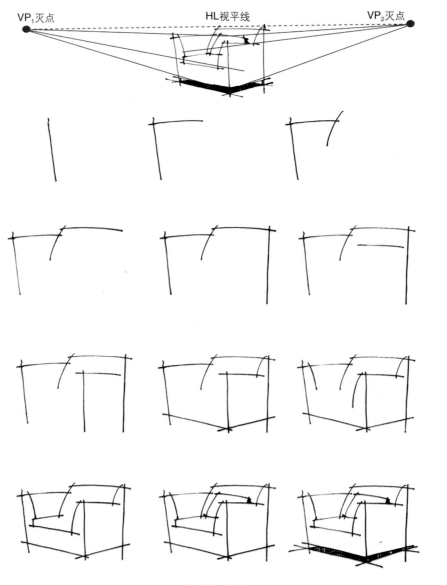

❶ 图　2-5

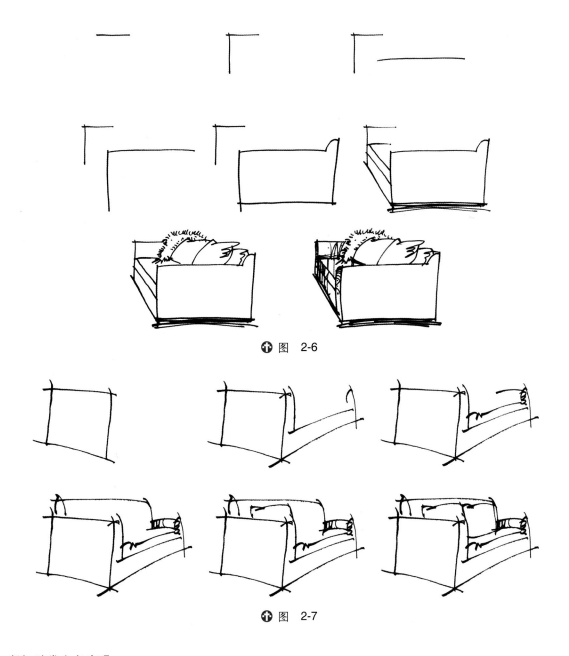

⊕ 图 2-6

⊕ 图 2-7

（3）沙发上色表现。

掌握马克笔上色练习即可将本部分所绘制的单体沙发进行上色表现，可依据物体本身的色彩与素描明暗关系进行单色赋色表现。（图2-8）

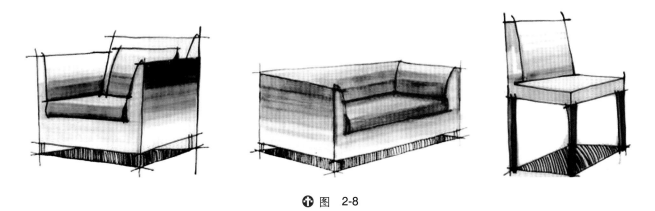

⊕ 图 2-8

在学习了单色上色过程后,再深入色彩搭配训练。在配色方面可以进行冷暖色调搭配,但一定要突出主色调。(图2-9)

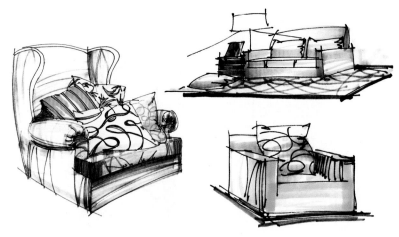

⬆ 图　2-9

三、沙发、座椅练习(不同风格沙发表现效果)

(1)欧式风格沙发线稿。(图2-10)

⬆ 图　2-10

（2）上色稿。（图2-11）

（3）中式风格沙发线稿。（图2-12）

（4）上色稿。（图2-13）

（5）现代风格沙发线稿。（图2-14）

↑ 图 2-12

图 2-13

⊕ 图 2-14

（6）上色稿。（图2-15）

🔼 图 2-15

（7）现代风格沙发线稿。（图 2-16）

🔷 图　2-16

（8）上色稿。（图 2-17）

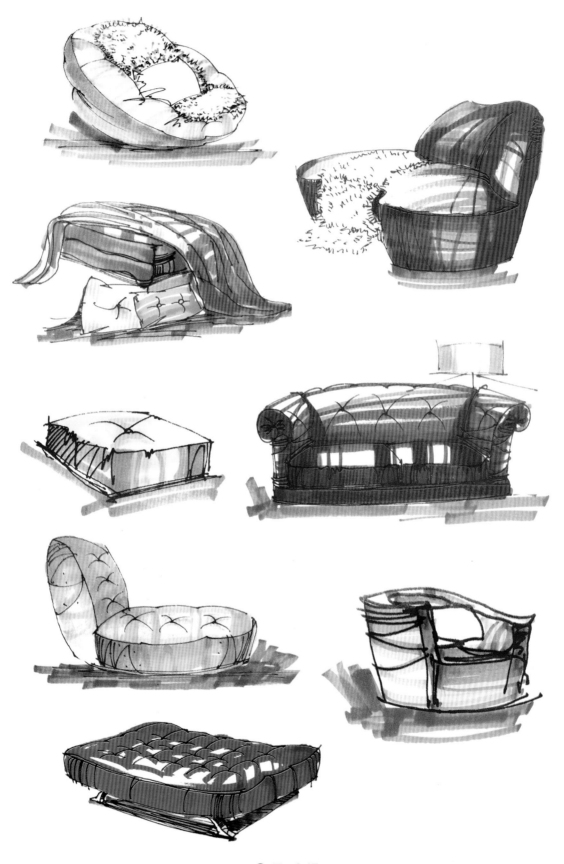

图 2-17

四、抱枕练习

抱枕练习如图 2-18 所示。

🕀 图　2-18

五、茶几、柜子练习

茶几、柜子练习如图 2-19 所示。

将图 2-20 中的茶几、柜子进行线稿及上色练习。

✚ 图　2-19

✚ 图　2-20

六、灯具练习

（1）欧式灯具。（图2-21）

↑ 图　2-21

（2）中式与现代灯具。（图 2-22）

↑ 图 2-22

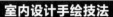

七、电器练习

电器练习如图 2-23 所示。

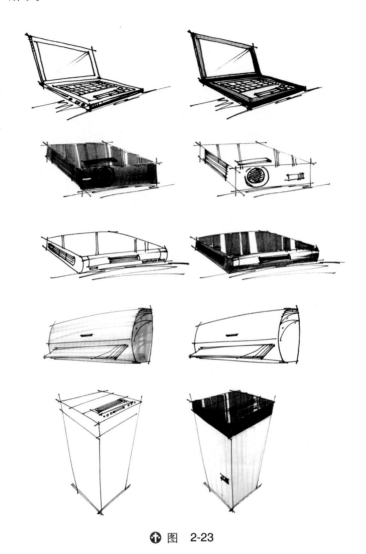

☝ 图　2-23

八、洁具练习

洁具练习如图 2-24 所示。

☝ 图　2-24

九、植物练习

植物练习如图 2-25 所示。

⊕ 图 2-25

第三章

组合家居陈设技法表现

SHINEISHEJISHOUHUIJIFA

室内设计手绘技法

课程内容

组合家居陈设表现；分解步骤的练习。

知识目标

掌握一点与两点透视并将其应用于家具物体中。

能力目标

会应用绘画工具进行组合家居陈设技法表现,尽量不使用辅助工具,训练手与眼的协调配合能力。

第一节　组合家具透视表现

一、一点透视应用于组合家具

图 3-1 中的透视图集合了平面、立面,加上深度,形成三维空间,它显示的影像和人的眼睛或照相机的镜头原理相同。

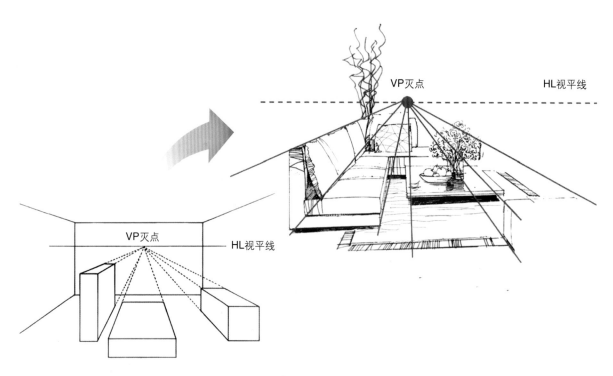

↑ 图　3-1

二、两点透视应用于组合家具

在两点透视中所呈现的角度不同,会产生不同的透视现象。(图 3-2)

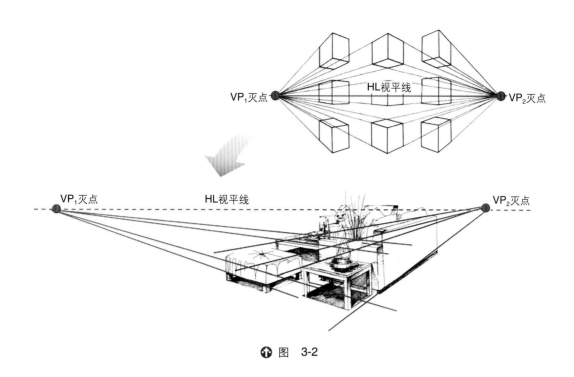

⊕ 图 3-2

第二节 手绘室内组合家具陈设

一、组合沙发绘制步骤

组合沙发绘制步骤如图 3-3 ～ 图 3-5 所示。

⊕ 图 3-3

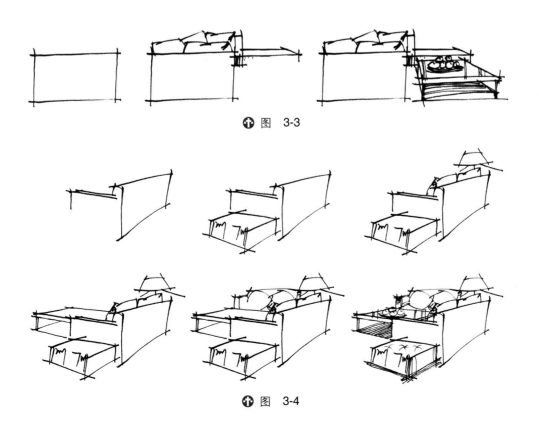

⊕ 图 3-4

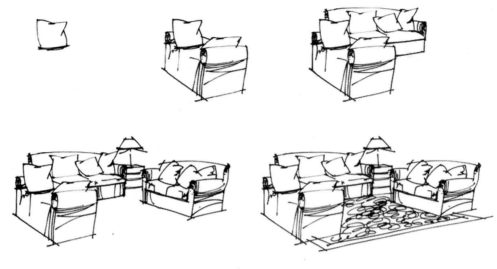

↑ 图　3-5

课堂练习

将图3-6和图3-7所示的组合沙发按步骤绘制出透视线稿图,并进行上色表现。

↑ 图　3-6

↑ 图　3-7

二、组合沙发透视表现

组合沙发透视表现（线稿图）如图 3-8 所示。

组合沙发上色稿如图 3-9 所示。

⬆ 图　3-9

三、床、床头柜的透视表现

床、床头柜透视表现的绘制步骤如图 3-10 所示。

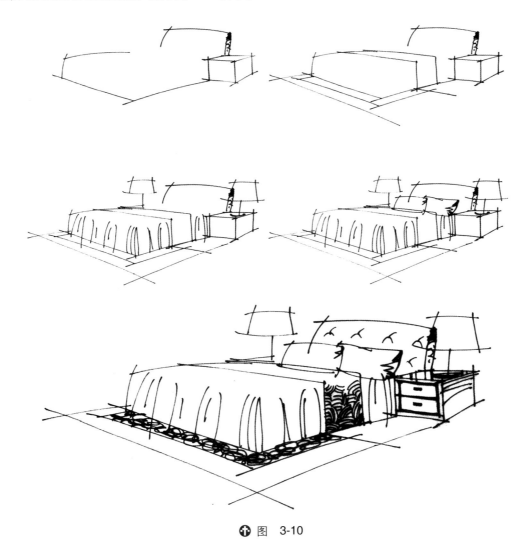

⊕ 图 3-10

课堂练习

试应用两点透视原理绘制一张床的透视线稿。（图 3-11）

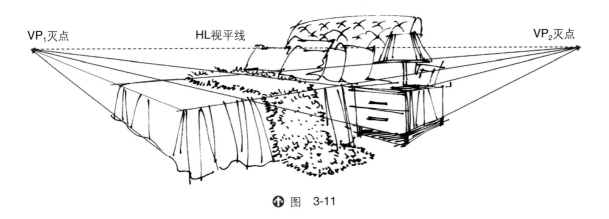

⊕ 图 3-11

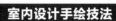

课后练习

绘制如图 3-12 所示的大床。

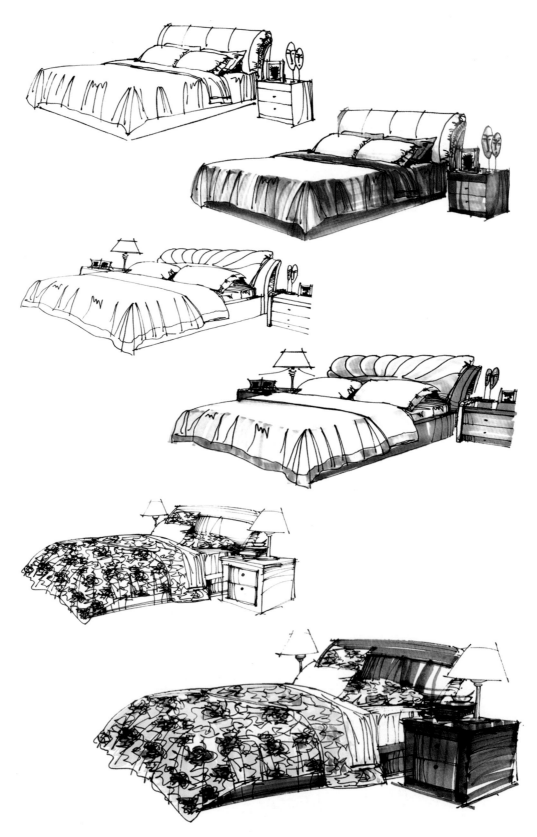

↑ 图 3-12

四、餐桌椅的透视表现

餐桌椅的透视表现如图 3-13 所示。

⬆ 图 3-13

课后练习

将以下餐桌椅进行透视线稿练习并进行赋色表现,注意表现出不同风格特色。(图 3-14)

⬆ 图　3-14

第四章

室内空间透视原理

SHINEISHEJISHOUHUIJIFA

SHINEISHEJISHOUHUIJIFA

SHINEISHEJISHOUHUIJIFA

课程内容

一点、两点、三点透视原理在室内透视效果图设计中的应用。

知识目标

掌握室内平面转换成三维透视空间的绘制方式。

能力目标

学生能够理解透视学的原理,培养他们的空间设计感。

第一节　室内空间一点透视原理

一、室内空间一点透视的概念

室内空间一点透视空间中的一个墙面与画面平行并且只有一个灭点。这种透视表现范围广,纵深感强,适合表现庄重、稳定、宁静的室内空间,其缺点是画面略显呆板。(图 4-1)

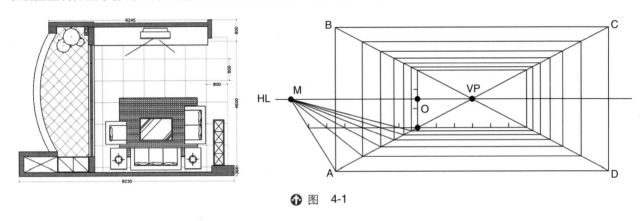

✛ 图　4-1

二、绘图方法

绘图依据为一点透视原理,从一个立方体转化为净高 3m 的室内空间,室内宽可设定为 6m,图纸比例为 1:100,要求进行三维空间的绘制,步骤如下。

方法一:从内向外求一点透视法(对等状态)

步骤一:确定点 A,并向其左右两边各画出 6cm,再以 A 点为起点向上作垂线绘出真高线,AB 为 3cm。(图 4-2)

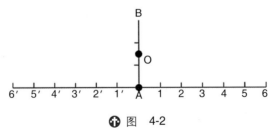

✛ 图　4-2

步骤二:在真高线上确定点 O,一般为 1.5cm,并以 O 点为基准绘制视平线 HL,可依据构图在视平线上定出测点 M 与灭点 VP 的位置。(图 4-3)

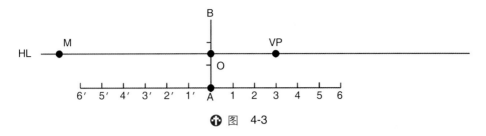

⊕ 图 4-3

步骤三：以 AB、A6 为边长,绘制内墙进深线。(图 4-4)

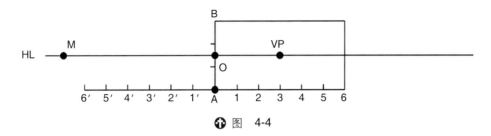

⊕ 图 4-4

步骤四：将测点 M 连接 1′、2′、3′、4′、5′、6′各点,交于 VP、A 两点连线的延长线上。(图 4-5)

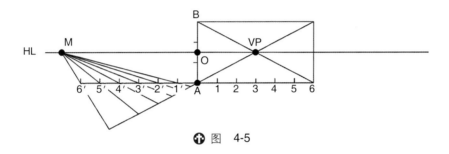

⊕ 图 4-5

步骤五：作 VP、A 两点连线上的各点的水平线,交于 VP、6 两点连线的延长线上。(图 4-6)

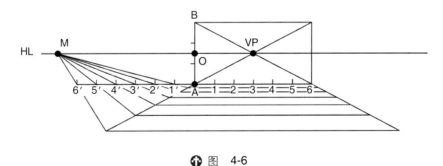

⊕ 图 4-6

步骤六：在 E、F 点上分别作垂线与平行于 EF 的水平线,定出左右两边墙与顶棚的进深线。(图 4-7)

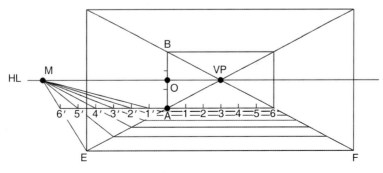

⊕ 图 4-7

步骤七:从 VP 连接 1、2、3、4、5 各点,绘制出地面铺砖的透视线,再分别画出左右两面墙体与顶棚上的进深线稿,这样,室内一点透视图框即呈现出来。(图 4-8)

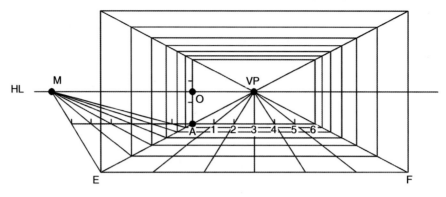

🕈 图 4-8

方法一案例演示:从平面生成立体——客厅一点透视演示步骤

(因对等状态下的一点透视相对呆板,因此本案例的灭点稍微偏移一些。)

绘制方式:

(1)将前面所学的一点透视原理应用于透视效果图中,本案例将采用"从内向外"透视法,依据平面图中的比例绘制内墙进深透视线框,在 1.5m 处绘制视平线,定出 VP 灭点。接着将平面图中的家具与陈设逐个按序绘制在图框内。(图 4-9)

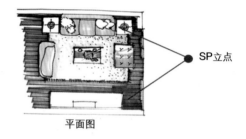

SP立点

平面图

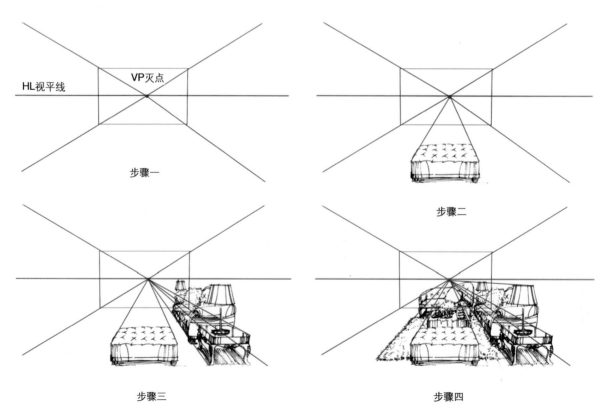

步骤一　步骤二

步骤三　步骤四

🕈 图 4-9

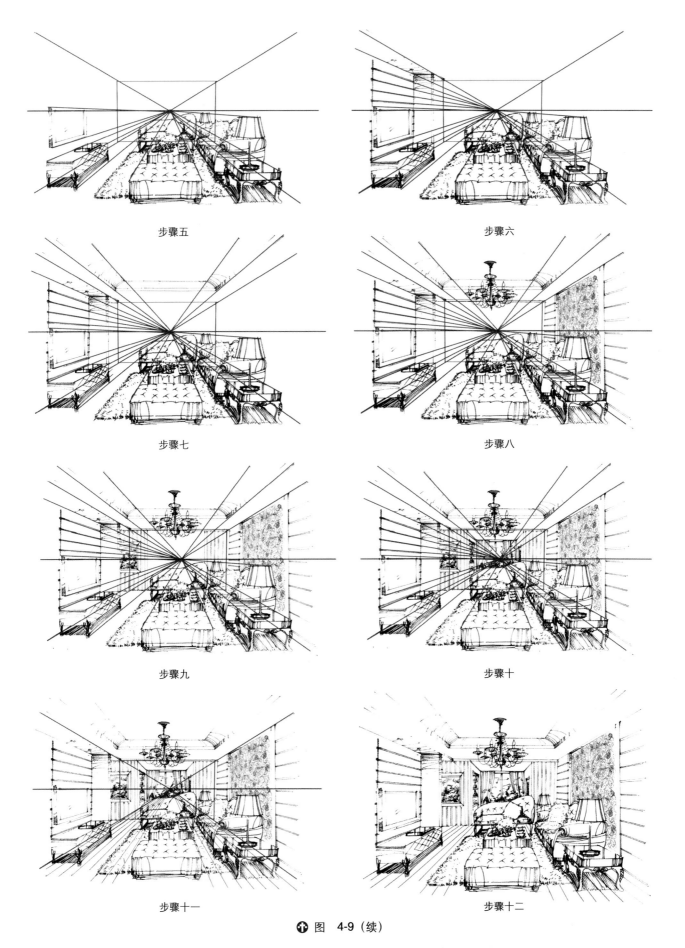

步骤五

步骤六

步骤七

步骤八

步骤九

步骤十

步骤十一

步骤十二

◆ 图　4-9（续）

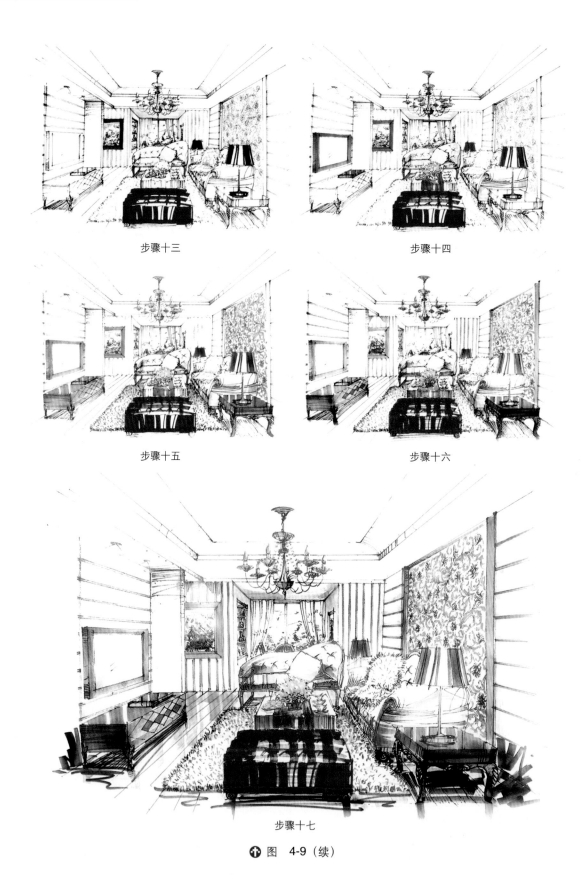

步骤十三 步骤十四

步骤十五 步骤十六

步骤十七

⬆ 图 4-9（续）

（2）绘制到第十二个步骤，基本上完成了整体空间的透视线稿，定义了这个案例的客厅是简欧式的风格。下一步可以考虑上色的基调。

（3）上色步骤（见步骤十三至步骤十七）。

方法二：从内向外求一点透视法（一般状态）

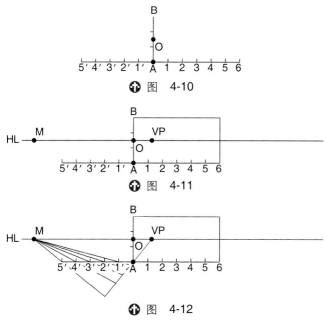

🔼 图 4-10

🔼 图 4-11

🔼 图 4-12

步骤一：以 A 点为起点，分别向左右各绘制 5～6cm。再以 A 点为垂直点，向上作 3 cm 垂线，定出真高线，O 为其中点。（图 4-10）

步骤二：在 1.5cm 处画视平线 HL，位于其左侧定出 M 测点，右侧定出灭点 VP。（图 4-11）

步骤三：以测点 M 连接 A 点左边的各小点 1′、2′、3′、4′、5′，交于 VP、A 两点连线的延长线上。（图 4-12）

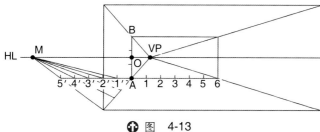

🔼 图 4-13

步骤四：连接 VP、B 两点，绘制平行于 AB 的垂线和平行于 A6 的线，得到室内场景的最大进深线框。（图 4-13）

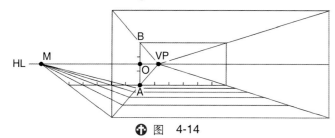

🔼 图 4-14

步骤五：以 VP、A 两点连线上的各点为基准，绘制出地砖横向的透视线。（图 4-14）

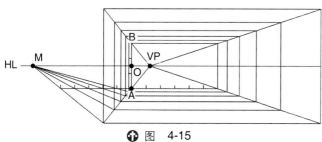

🔼 图 4-15

步骤六：在地砖横向的透视线稿基础上向上作垂线，绘制出左右两面墙体进深线，再连接相应各点，绘制出顶棚的进深线。（图 4-15）

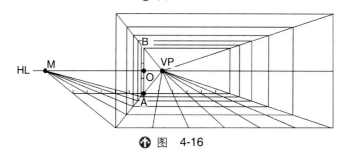

🔼 图 4-16

步骤七：灭点 VP 连接 A 点右边各等分点，绘制出地面纵向透视线。（图 4-16）

方法三：从外向内求一点透视法

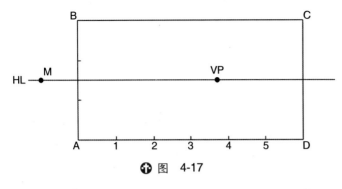

⬆ 图 4-17

步骤一：按室内空间的实际比例尺寸确定 A、B、C、D 各点，并将 AB 与 AD 两线段进行等分，AB 为真高线，设定为 3cm；AD 为室内的宽度，为 6cm；HL 为视平线，一般设定在 1.5cm 处。依据构图需要再确定灭点 VP 及测点 M 的位置。（图 4-17）

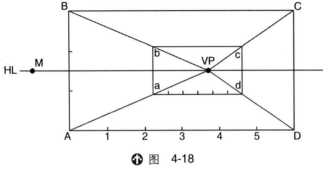

⬆ 图 4-18

步骤二：依据构图需要，自己设定内墙进深线框各顶点 a、b、c、d，并等分 ad 线段为 6 等份。（图 4-18）

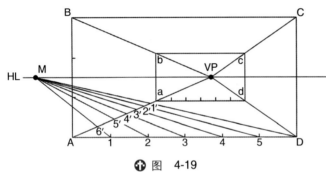

⬆ 图 4-19

步骤三：从测点 M 连接 AD 上等比例的刻度，交 A、a 两点连线上，得到 1′、2′、3′、4′、5′、6′ 各点。（图 4-19）

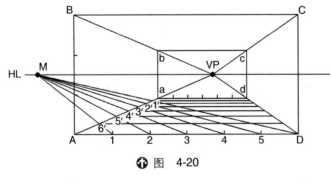

⬆ 图 4-20

步骤四：过 A、a 两点连线上的各交点作平行于 AD 的水平线，与 VP、D 两点连线相交。（图 4-20）

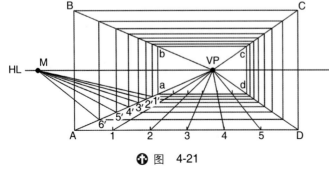

⬆ 图 4-21

步骤五：分别作 A 和 a、D 和 d 两点连线上各交点的垂直线，交于 VP-B 和 VP-C 连线上，再作平行于 BC 的水平线，得出左右两面墙及顶棚的透视线框图。灭点 VP 连接 a、d 连线上的 5 个等分点，地面基本按 1m×1m 的透视线稿清晰表现出来，可按要求在里面添上家具等物体。（图 4-21）

课堂练习

一点透视线稿绘制。（图 4-22 ～图 4-25）

⊕ 图　4-22

⊕ 图　4-23

⬆ 图　4-24

⬆ 图　4-25

课后作业

依据平面图，在以上介绍的一点透视方法中任选其一，完成室内客厅一点透视图。（图4-26）

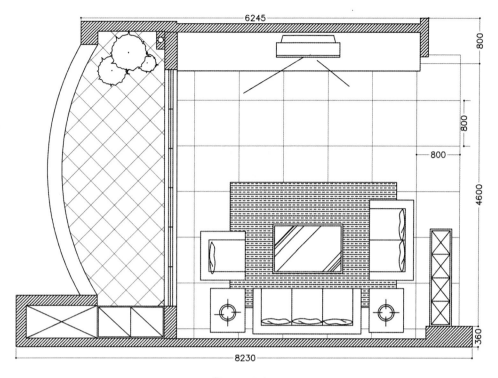

 图 4-26

第二节 室内空间两点透视原理

一、室内空间两点透视概念

两点透视又称为成角透视,在空间中,墙面与画面成一定角度,其垂直线不变,平行线则各消失于两边的灭点上。这种透视画面效果比较自然,生动活泼,空间呈现较接近人的视觉感受,其缺点是角度选择不佳时易产生变形。(图 4-27)

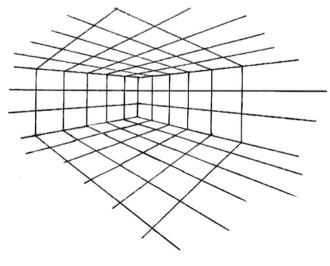

⊕ 图 4-27

室内设计手绘技法

二、绘图方法

方法一：一点变两点的简易画法（微动状态下的两点透视）

步骤一：如图 4-28 为第一节所介绍的一般状态下的一点透视线框图，AB 为真高线，设定为 3cm；AD 为室内的宽度，为 6 cm；HL 设定在 1.5cm 处，确定好灭点 VP 及测点 M 的位置。

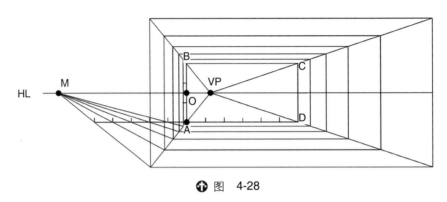

🔁 图 4-28

步骤二：将地面与顶棚的进深线删去。（图 4-29）

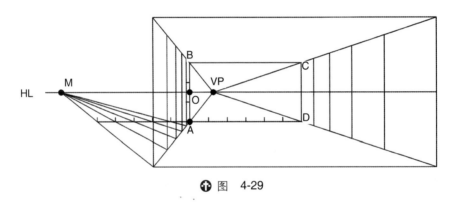

🔁 图 4-29

步骤三：以 VP 到 A′两点的连线上的等比例的刻度为起点连接 VP、D′两点的连线上各交点。连接右侧点时，以向内倾斜一刻度的形式绘制出地砖横向透视进深线。同理，顶棚进深线也可绘制出。（图 4-30）

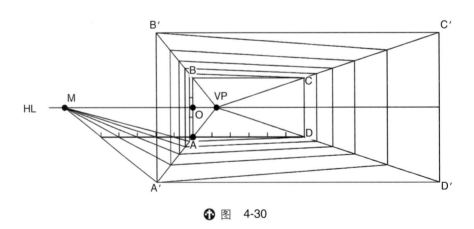

🔁 图 4-30

步骤四：从灭点 VP 连接 AD 上的刻度线，交与 A′、D′两点连线上。整体透视框即绘制出来了。（图 4-31）

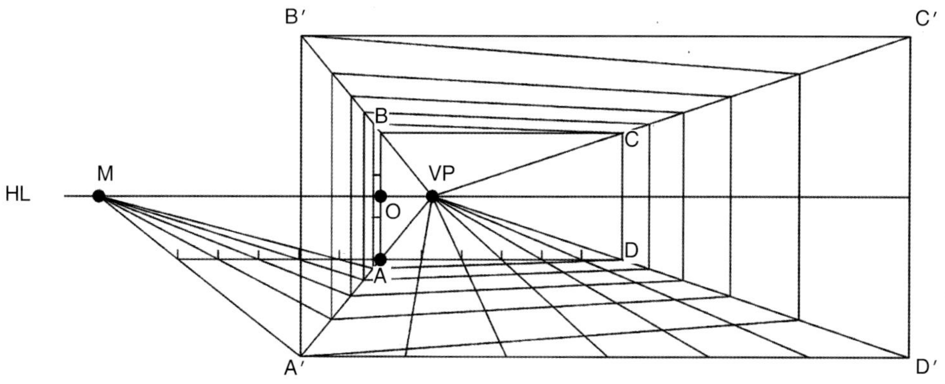

图　4-31

方法二：对等状态下的两点透视法

步骤一：以 A 点为起点，分别向左右各绘制 6cm。再以 A 点为垂直点，向上作垂线，为 3cm。绘制出真高线，O 点为中点。（图 4-32）

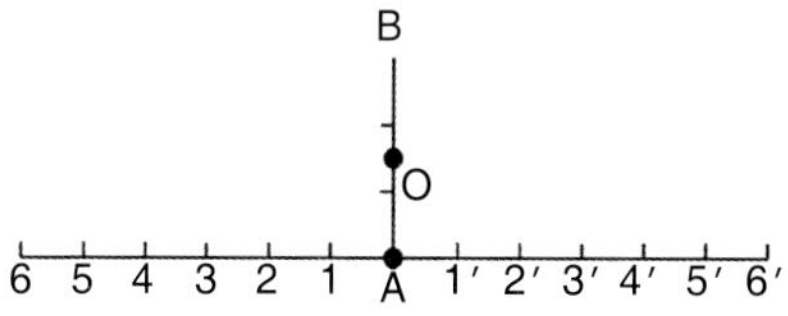

图　4-32

步骤二：在 1.5cm 处画视平线 HL，在其左侧定出测点 M_1、灭点 VP_1，右侧定出测点 M_2、灭点 VP_2。灭点 VP_1、VP_2 分别距离 O 点是真高线长度的 3～4 倍。且 M_1 与 M_2 两点到 O 点的距离相等，VP_1 与 VP_2 两点到 O 点的距离也相等。（图 4-33）

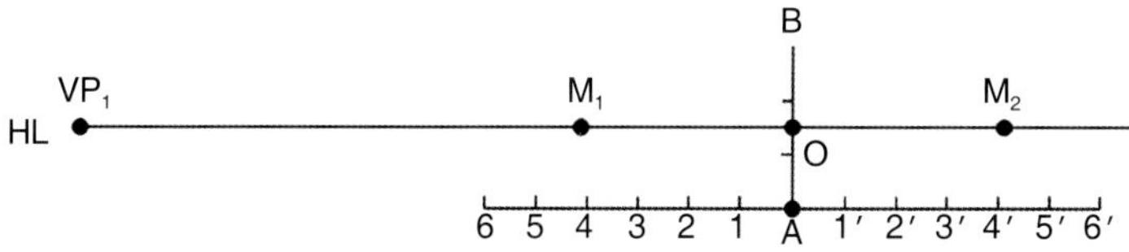

图　4-33

步骤三：分别连接 VP_1 和 A、VP_1 和 B 两点，绘制出右墙面；再分别连接 VP_2 和 A、VP_2 和 B 两点，绘制出左墙面。（图 4-34）

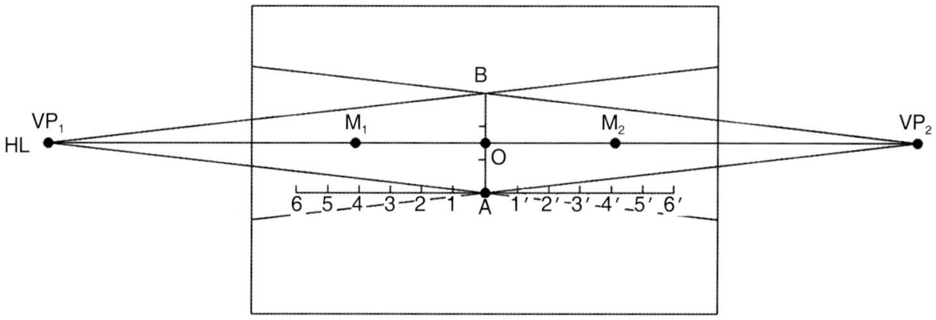

图　4-34

步骤四：从 M_1 点连接 1、2、3、4、5、6 各点，从 M_2 点连接 1′、2′、3′、4′、5′、6′ 各点，并分别交于 VP_2 和 A、VP_1 和 A 两点的延长线上。（图 4-35）

步骤五：VP_1 与 VP_2 分别连接落在 VP_2 和 A、VP_1 和 A 两点连线上的交点，绘制出地面铺砖透视线。（图 4-36）

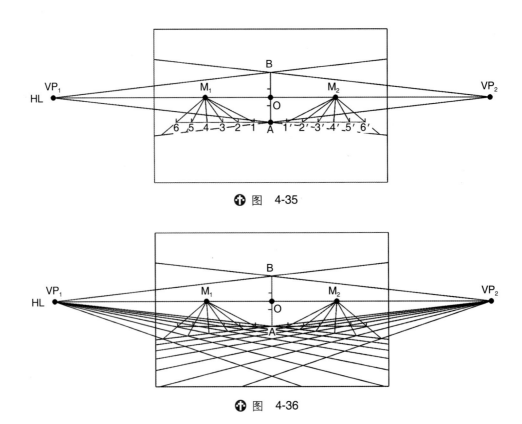

⊕ 图　4-35

⊕ 图　4-36

步骤六：去掉多余辅助透视线,对等状态下的两点透视室内空间即呈现出来。（图 4-37）

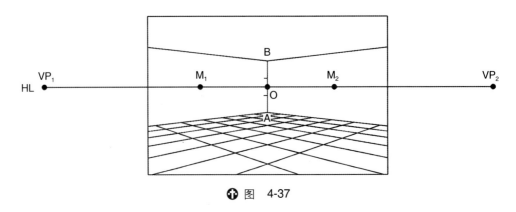

⊕ 图　4-37

步骤七：以左右两面墙与地面的交点绘制出左右两边墙体的纵向透视线。（图 4-38）

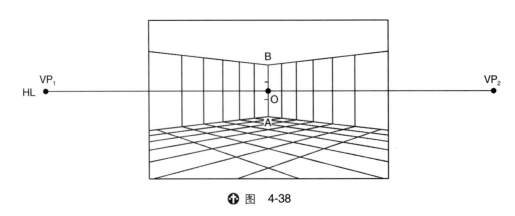

⊕ 图　4-38

步骤八：以绘制简单方体的柜子的方法来绘制室内家具物体的透视图。（图 4-39）

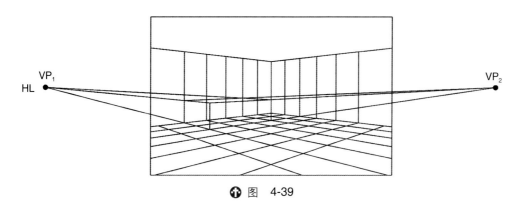

⊕ 图 4-39

方法二案例演示（室内效果图）

绘制方式：依据对等状态下的两点透视原理，首先定出室内真高线为 3m，根据构图需要在低于 1.5m 处绘制 HL 视平线，分别在其左右两侧确定 VP₁ 与 VP₂ 两个灭点，依据比例在定好的透视框架内添加平面图中的家具物体。（图 4-40）

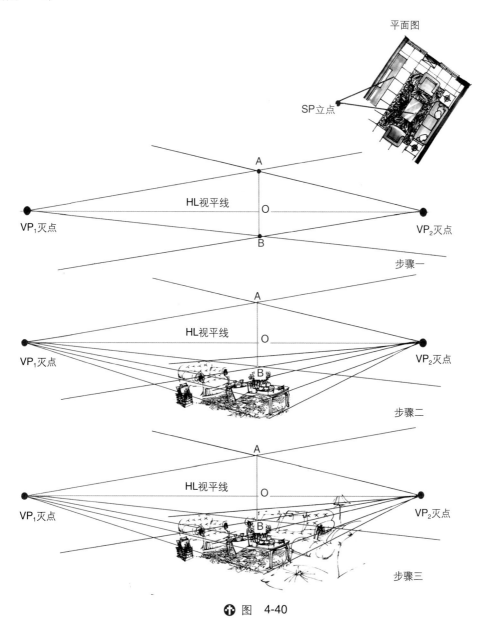

⊕ 图 4-40

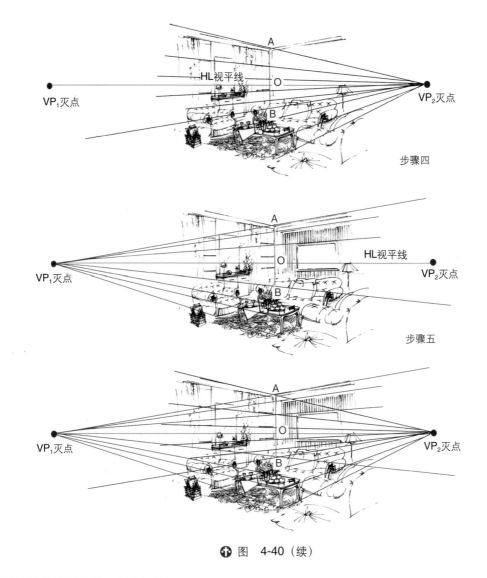

步骤四

步骤五

⊕ 图 4-40（续）

下面是整体透视线稿。（图 4-41）

⊕ 图 4-41

如下是上色步骤。（图 4-42）

步骤六　　　　　　　　　　　　　　　步骤七

步骤八　　　　　　　　　　　　　　　步骤九

步骤十

✪ 图　4-42

方法三：一般状态下的两点透视法

步骤一：画出真高线 AB 并定为 3cm，将 A 点分别向左延长 7cm，向右延长 6cm。（图 4-43）

步骤二：按构图需要确定出视平线 HL，一般为 1.5cm；再定出左右两边的灭点 VP_1、VP_2，其两点的距离是画幅宽度的 3 倍左右。然后确定测点 M_1、M_2 的位置，如测点位置越向真高线靠拢，画面家具物体会越大，反之越小。（图 4-44）

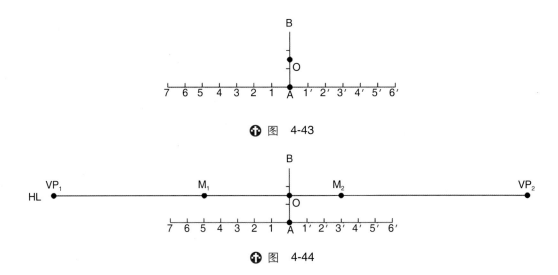

⊕ 图　4-43

⊕ 图　4-44

步骤三：VP₁、VP₂分别连接 A、B 两点，绘制出左右两面墙的透视进深线。（图 4-45）

步骤四：M₁ 连接 1、2、3、4、5、6、7 各点，M₂ 连接 1′、2′、3′、4′、5′、6′ 各点，分别交于 VP₂ 和 A、VP₁ 和 A 两点的延长线上。（图 4-46）

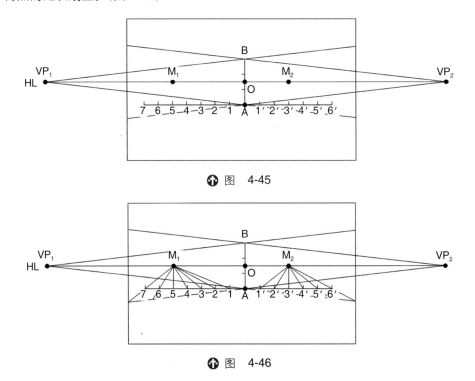

⊕ 图　4-45

⊕ 图　4-46

步骤五：VP₁ 与 VP₂ 分别连接落在 VP₂ 和 A、VP₁ 和 A 线上的交点，绘制出地面铺砖透视线。（图 4-47）

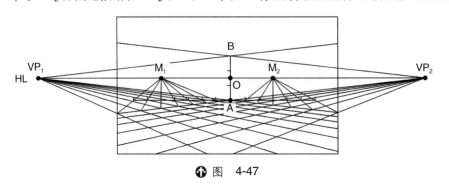

⊕ 图　4-47

步骤六：去掉多余辅助线，绘制墙体的透视线。（图4-48）

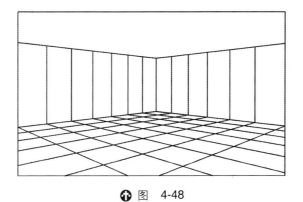

图 4-48

课堂练习

两点透视线稿图。（如图4-49～图4-53所示）

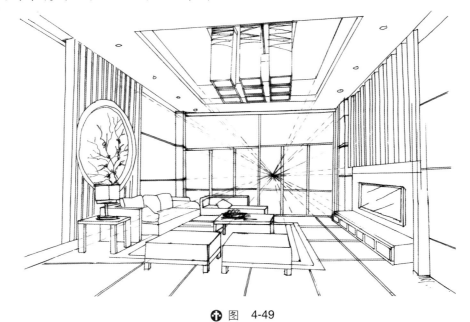

图 4-49

图 4-50

图 4-51

图 4-52

图 4-53

课后作业

依据平面图,在以上介绍的两点透视方法中任选其一,完成室内客厅中两点透视图。(图 4-54)

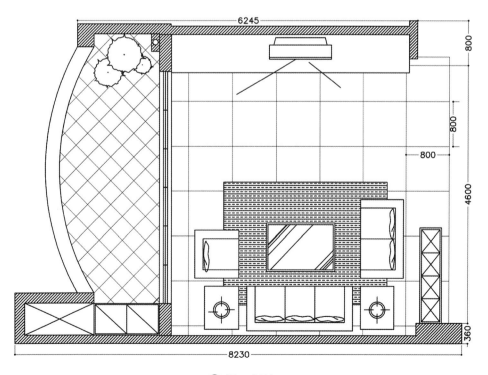

图 4-54

第三节　三点透视原理

　　三点透视分为平行俯视、成角俯视、平行仰视、成角仰视，一般用于建筑景观设计及室内公共场景的效果图绘制，下面将几种形式做简单介绍。

1. 平行俯视图

　　平行俯视是由一点透视变化而来，一点透视中所有垂直地面的线都向地点聚集，而所有向主点消失的线，在俯视中都会向主天点消失。

　　具体以绘制会议室作参考，见图4-55～图4-59。

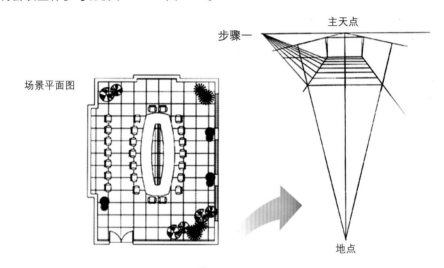

🜚 图　4-55

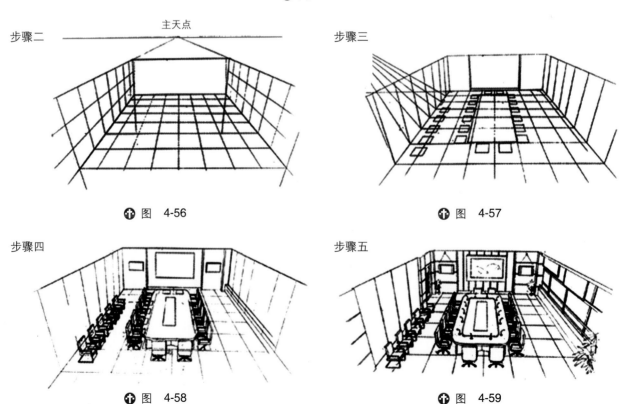

🜚 图　4-56　　　　　　　　　　　　🜚 图　4-57

🜚 图　4-58　　　　　　　　　　　　🜚 图　4-59

2.成角俯视图

成角俯视是由两点透视变化而来的,两点透视中所有垂直于地面的线都向地点消失,而向左右余点消失的线都向左右余天点消失。

具体绘制步骤参考图 4-60 ～图 4-62。

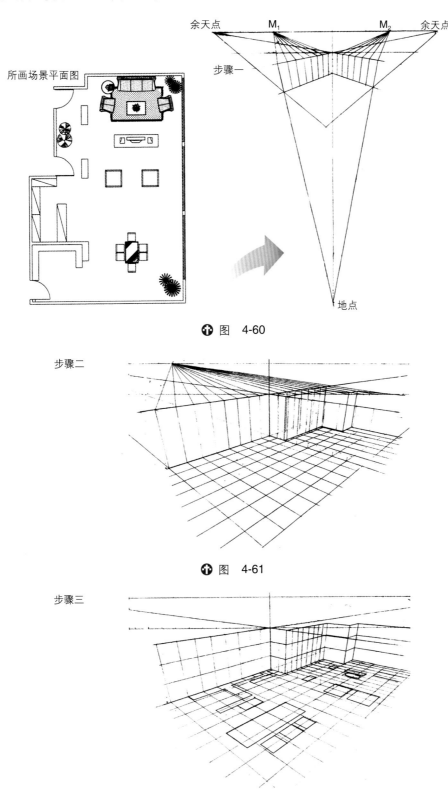

所画场景平面图

余天点　M₁　M₂　余天点

步骤一

地点

✪ 图 4-60

步骤二

✪ 图 4-61

步骤三

✪ 图 4-62

课堂练习

依据成角俯视原理（图4-63），将室内空间场景绘制成成角俯视效果图（图4-64）。

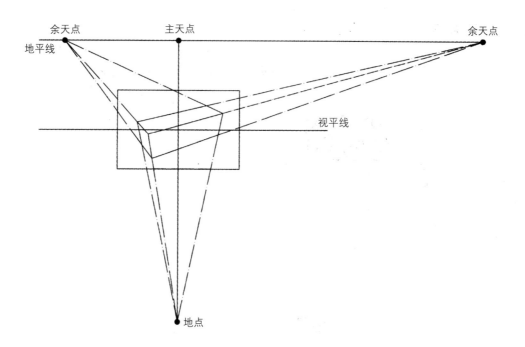

⬆ 图　4-63

⬆ 图　4-64

3．平行仰视图

平行仰视是由一点透视变化而来的，一点透视中所有垂直于地面的线都向天点消失，而所有向主点消失的线，在仰视中都向主地点消失。（图4-65）

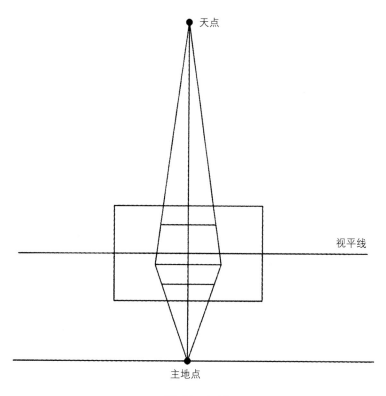

⊕ 图　4-65

平行仰视效果图如图4-66所示。

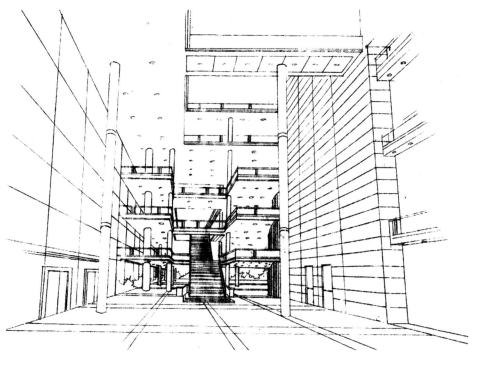

⊕ 图　4-66

4. 成角仰视图

成角仰视是由两点透视变化而来的,两点透视中所有垂直于地面的线都向天点消失,而向左右余点消失的线则向左右余地点消失。(图 4-67)

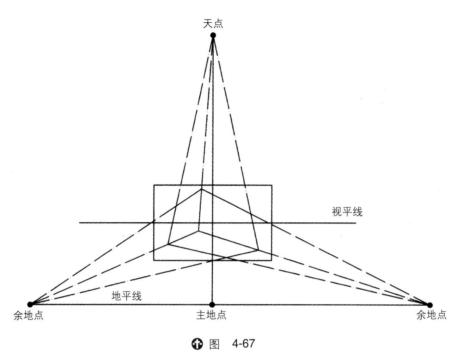

成角仰视效果图如图 4-68 所示。

★ 图　4-68

课后作业

将本节课程内容的作品绘制在图纸上（任选以下四种中的两种形式完成）。

（1）平行俯视图。

（2）成角俯视图。

（3）平行仰视图。

（4）成角仰视图。

要求：

（1）透视把握准确；

（2）色彩搭配协调；

（3）材质表现到位。

第五章

住宅空间效果图表现

SHINEISHEJISHOUHUIJIFA

SHINEISHEJISHOUHUIJIFA

SHINEISHEJISHOUHUIJIFA

SHINEISHEJISHOUHUIJIFA

课程内容

室内六大空间（客厅、卧室、餐厅、厨房、书房、卫浴间）的透视效果图设计表现。

知识目标

掌握室内各空间区域及界面设计、材质及色彩的应用与表现。

能力目标

提高设计感与构思能力。

第一节　客厅手绘效果图表现

一、客厅的功能区域划分

客厅是家人休憩、交流与社交的主要场所，因此设计时要视家庭成员的生活方式来统一规划，在适用、舒适的前提下，应展示出整个家庭的特殊风格与修养。分为以下两点。

（1）家庭聚谈会客区（图5-1）。该区域一般包括沙发、茶几和背景墙等。

☝ 图　5-1

图5-1中将客厅的沙发和茶几作为主要绘制对象，结合露台玻璃隔断，用灰色调将现代简洁客厅聚谈会客区场景简单地表现出来。

（2）视听区（图5-2）。该部分是客厅视觉注目的焦点。现代住宅越来越重视视听区的设计。通常，视听区设置在主座的迎立面或迎立面的斜角范围内，以便视听区域构成客厅空间的主要目视中心，并烘托出宾主和谐、融洽的气氛。视听区通常包括电视柜、电视背景墙、电视试听组合等。

图5-2中所绘客厅的试听区域以电视机、电视柜、电视背景墙为主要表现对象，展现了对等状态下的两点透视客厅一角的效果，马克笔用笔技法娴熟，用冷灰与暖灰色调表现出场景效果。

↑ 图　5-2

二、客厅的界面设计

（1）客厅的颜色。客厅色调根据风格的不同而定,还要考虑采光以及颜色的反射程度来搭配,一个空间中的主色调最好不要超过两种,不同颜色有着不一样的效果,主要看怎么利用和搭配。明亮色调使房间显得较大,常用来装饰较小、较暗的房间;反之暗淡的色调使房间看上去较小,一般色彩的效果如下：黄、棕色等暖色调使人感到"温暖兴奋"（图5-3）;蓝、绿、灰色让人感到"安静、凉爽"（图5-4）。

↑ 图　5-3

↑ 图 5-4

（2）客厅的吊顶。应根据整体来决定是否需要吊顶,具体是采用直线、弧线还是异型吊顶,应根据不同空间用不同的处理办法。

（3）客厅墙面。一般可选用墙纸、墙布、板材、石材、液体壁纸、金属板材、玻璃、软包等进行装饰。

（4）客厅地面。地面颜色材质最好统一流畅,切忌分割,否则会有凌乱感。想要突出某区域可以着重处理,比如想突出会客区,如果使用了地板,就可以使用一块地毯来突出。地面的颜色还是要根据整体来搭配,一般都偏深。

三、客厅内的家具设施大体尺寸介绍

客厅内常用家具的尺寸一般如下。

单人式沙发:长度为 800 ~ 950mm,深度为 850 ~ 900mm,坐垫高为 350 ~ 420mm,背高为 700 ~ 900mm。

双人式沙发:长度为 1260 ~ 1500mm,深度为 800 ~ 900mm。

三人式沙发:长度为 1750 ~ 1960mm,深度为 800 ~ 900mm。

四人式沙发:长度为 2320 ~ 2520mm,深度为 800 ~ 900mm。

小型长方形茶几:长度为 600 ~ 750mm,宽度为 450 ~ 600mm,高度为 380 ~ 500mm（380mm 最佳）。

中型长方形茶几:长度为 1200 ~ 1350mm,宽度为 380 ~ 500mm 或者 600 ~ 750mm。

正方形茶几:长度为 750 ~ 900mm,高度为 430 ~ 500mm。

大型长方形茶几:长度为 1500 ~ 1800mm,宽度为 600 ~ 800mm,高度为 330 ~ 420mm（330mm 最佳）。

圆形茶几:直径为 750mm、900mm、1050mm、1200mm,高度为 330 ~ 420mm。

电视柜:2000mm × 500mm × 600mm 是常用尺寸。

电视高度:以电视中心离地 1200mm 左右计算。

通过对客厅功能分区、界面设计以及家具设施尺寸的了解,下面进入方案效果图绘制阶段的学习。

四、室内设计方案表现

1. 客厅平面设计方案构思阶段（图 5-5）

（1）测量原始结构图；

（2）按比例绘制在图纸上，标注相应的尺寸；

（3）进行平面布局，风格要统一。

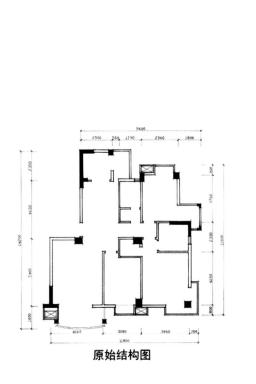

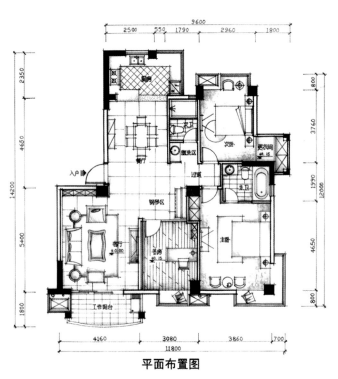

原始结构图　　　　　　　平面布置图

↑ 图　5-5

2. 立面设计（图 5-6）

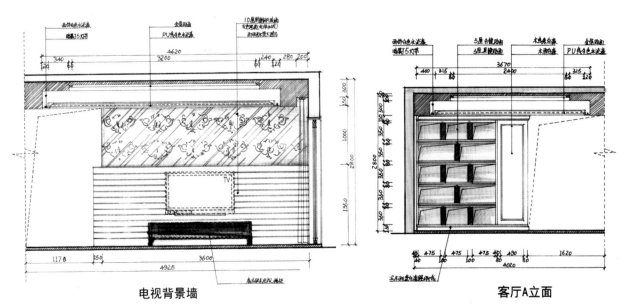

电视背景墙　　　　　　　客厅A立面

↑ 图　5-6

（1）按比例绘制,标注相应的尺寸与材质的名称;

（2）上色注意材质表现到位;

（3）整体色调应协调;

（4）风格与平面统一。

3．客厅透视效果图的绘制步骤（图5-7）

（1）截取客厅平面图,自定立点的位置SP,绘制效果为一点透视,在这个位置上观察客厅平面图中的家居陈设。

（2）在HL视平线上定出灭点位置,画出客厅透视线框如图5-7所示（红色线稿）。

（3）定位风格,依据透视绘制家具陈设,注意比例。

（4）马克笔、彩铅上色并赋上材质。整体色调要协调。

通过以上学习,对方案设计与表现有了初步的认识,特别是绘制方案效果图的步骤阶段的学习,让我们加深了对"室内空间透视原理"的理论应用。下面将进一步深入学习不同风格的室内客厅效果图方案表现。

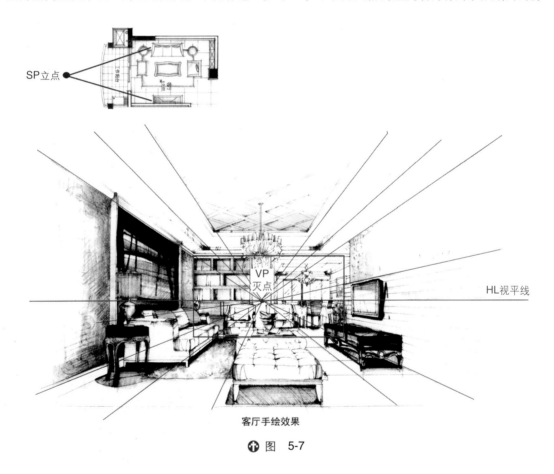

客厅手绘效果

⊕ 图 5-7

五、案例展示

1．简欧风格

案例一：图5-8所示为别墅客厅效果图,该方案以一点透视表现场景,在色调上以暖色调为主,在材质上主要应用米黄色大理石装饰墙面与地面。在绘制时应注意客厅的高度与屋内家具等设施大小的比例尺寸。

⬆ 图　5-8

　　案例二：图 5-9 所示为两点透视效果图，以暖灰色调表现为主，将室内会客区的石材、金属、地毯等材质表现得相当好，上色绘制很细腻。

⬆ 图5-9　（连柏慧作品）

2．现代简约风格

案例一：图 5-10 所示为一点透视效果图，以聚谈会客区域表现为主，用暖色系的色调，注意光线与明暗色阶的处理，色彩过渡要细腻，在家具物体高光处的表现上，适当可应用修正液来提亮色调。

🔝 图5-10 （梅利君作品）

案例二：图 5-11 所示为客厅以微动状态下的两点透视表现，在用色方面以暖灰色调为主并搭配冷灰色调，虚实结合恰当。在用材方面，吊顶采用石膏板，电视机背景墙用素色壁纸装饰，地面铺砖手法使客厅显得不那么呆板。

🔝 图5-11 （范晶晶作品）

案例三：图 5-12 所示为微动状态下的两点透视表现,图中客厅的位置正好靠近旋转楼梯,绘制时应注意楼梯的透视与表现手法以及玻璃、木材、石材的上色技法,用笔需干脆利落。

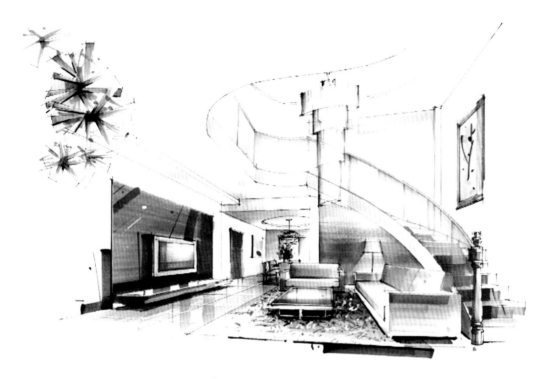

⬆ 图5-12 （梅利君作品）

案例四：图 5-13 所示为一点透视,透视空间表现严谨,色彩鲜明,上色大胆。

⬆ 图5-13 （林梦婷临摹）

课后作业

找一张室内户型平面图,完成客厅效果图表现,绘于 A3 纸上。应注意透视及比例尺寸的把握;色彩要协调;材质表现要到位。

第二节　卧室手绘效果图表现

一、了解卧室空间

人们大约有 1/3 的时间要在卧室中度过,卧室不仅是睡眠、休息的地方,而且是最具私密性的空间。因此,主卧室设计必须依据主人的年龄、性格、志趣爱好,考虑适合客户要求的宁静稳重的或是浪漫舒适的情调,以便创造一种温馨的环境。为了设计好主卧室,需考虑以下 6 个方面。

(1) 卧室的地面应具备保暖性,一般宜采用中性色或暖色,材料有地板、地毯等。

(2) 墙壁约有 1/3 的面积被家具所遮挡,而人的视觉除床头上部的空间外,主要集中于室内的家具上。因此墙壁的装饰宜简单些,床头上部的主体空间可设计一些有个性化的装饰品,选材宜配合整体色调,以便烘托卧室气氛。

(3) 吊顶的形状、色彩是卧室装饰设计的重点之一,一般以简洁、淡雅、温馨的暖色系为好。

(4) 色彩应以统一、和谐、淡雅为宜,对局部的原色搭配应慎重,稳重的色调较受欢迎,如绿色系活泼而富有朝气,粉红系欢快而柔美,蓝色系清凉浪漫,灰调或茶色系灵秀雅致,黄色系热情中充满温馨气氛。

(5) 卧室的灯光照明最好以温馨暖和的黄色为基调,床头上方可嵌入筒灯或壁灯,也可在装饰柜中嵌入筒灯,使室内更具浪漫舒适的温情。

(6) 卧室不宜太大,空间面积一般 15 ～ 20m^2 左右就足够了,必备的家具有床、床头柜、更衣橱、电视柜、梳妆台。如果卧室里有卫浴室,可以把梳妆区域安排在卫浴室里。卧室的窗帘一般应设计成一纱一帘,使室内环境更富有情调。

二、功能区域的划分

功能区域主要包括如下方面。

(1) 睡眠区。

(2) 梳妆、阅读区。

(3) 衣物储藏区。

三、卧室空间主要尺寸介绍

衣橱深度一般为 600 ～ 650mm,衣橱门宽度为 400 ～ 650mm。

推拉门宽度为 750 ～ 1500mm,高度为 1900 ～ 2400mm。

矮柜深度为 350 ～ 450mm,矮柜门宽度为 300 ～ 600mm。

电视柜深度为 450 ～ 600mm,高度为 600 ～ 700mm。

单人床宽度为 900mm、1050mm、1200mm,长度为 1800mm、1860mm、2000mm、2100mm。

双人床宽度为 1350mm、1500mm、1800mm,长度为 1800mm、1860mm、2000mm、2100mm。

圆床直径为 1860mm、2120mm、2400mm(常用)。

室内门宽度为 800 ~ 950mm,高度为 1900mm、2000mm、2100mm(常用)、2200mm、2400mm。

通过对卧室空间的地面、墙面、顶面、色彩、灯光和家具设施尺寸的了解,形成了学习方案效果图绘制阶段的基础理论。了解完以上知识点,下面可进入方案绘制阶段的学习。

四、卧室透视效果图的绘制步骤及案例展示

1. 作画步骤与注意点——以两点透视为例

(1)参照 SP 立点的位置,确定好 HL 视平线、VP 灭点及测点位置,绘出立体空间线框图,所有延伸的透视线必须经过两余点的任意一点,包括床、床头柜、台灯、床头背景墙、门、装饰画、吊顶、地毯边线。

(2)定位风格,在透视框架内补充家具陈设,确定其造型及家具的样式,注意线条的虚实关系、空间的转折与延伸,并刻画室内的小饰品,使画面生动、丰富,注意局部与整体的关系。

(3)用马克笔、彩铅上色并赋上材质,整体色调要协调,风格要统一。

2. 案例展示

在本方案中,卧室将采用微动状态下的两点透视进行透视图的表现。(图 5-14)

通过对卧室平面升立体效果图的步骤学习,使我们对方案效果图的设计与表现有了更进一步的认识,下面将进一步深入学习不同风格的室内卧室效果图的方案表现。

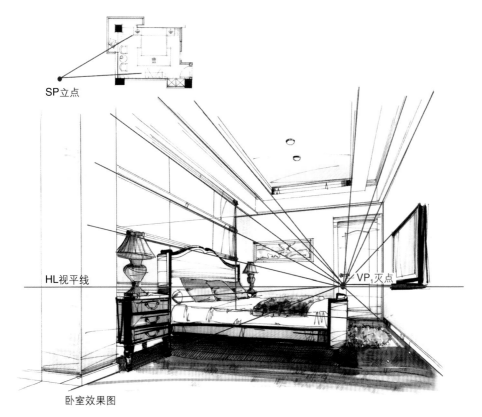

↑ 图 5-14

（1）现代简约卧室效果图

案例一：图中应用两点透视表现效果，在家具配置方面简洁明了。由于建筑结构是靠窗的坡屋顶，在空间大的情况下可摆放休闲性的沙发座椅，床的背景墙面利用软包与装饰面板作为设计。在上色技法方面：绘制木地板时下笔一定要干脆利落，在绘制重的色调时可重叠两次，或者用深的过渡色阶进行叠加；窗帘布艺用笔应"头重脚轻"，可绘制出飘逸的效果；地毯上的高光处可用修正液提亮效果。（图5-15）

↑ 图 5-15

案例二：本案例以圆形作为设计构成元素，在有限的户型面积内将卫浴空间设计成开敞式的格局，绘制时应多注意圆形的透视，同时还应注意"近实远虚"结合的表现，不需将图面画得太过饱满。（图5-16）

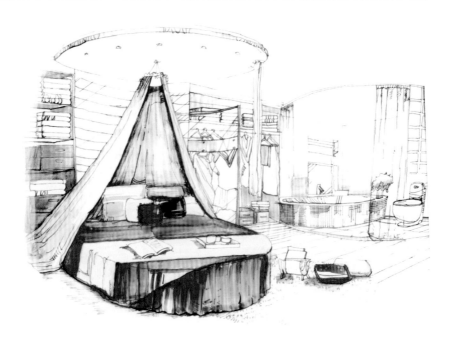

↑ 图 5-16

（2）简欧风格卧室效果图

案例一：图中作品为微动状态下的两点透视,在设计方面应用软包做背景墙面,同时铺设地毯材质,不但隔音效果好,而且将整个室内空间烘托得更加温馨。在技法表现方面,软包、地毯、床上用品、窗帘等软装饰绘制得较为细致,虚实结合巧妙,色调协调,重点表现突出。（图5-17）

⬆ 图5-17　（连柏慧作品）

案例二：应用对等状态下的两点透视表现,用笔轻松飘逸,马克笔技法表现得相当娴熟,细部刻画也相当微妙。（图5-18）

⬆ 图5-18　（赵彬彬作品）

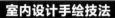

（3）简中风格卧室效果图

案例：以一般状态下的两点透视表现。从图例来看，这个卧室空间较大，为充分利用空间，作者在卧室中增加了休闲会客区，摆放了沙发、茶几等家具设施，同时色彩搭配协调，背景的珠帘效果绘制得特别好，将现代中式风格表现得格外有意境。（图5-19）

⬆ 图5-19 （连柏慧作品）

（4）儿童房设计

儿童房应根据孩子的年龄、喜好、性别设计得个性化一些。首先色彩要丰富，不同的颜色可以刺激儿童的视觉神经，千变万化的图案可满足儿童对世界的好奇心。（图5-20）

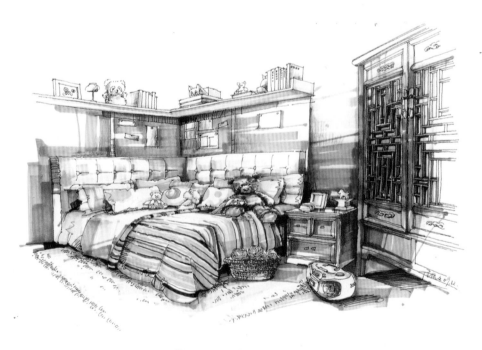

⬆ 图5-20 （范晶晶作品）

儿童房在色彩和空间搭配上最好以明亮、轻松、愉悦为主,不妨多点对比色。一般男孩子钟情于蓝色、绿色等冷色系,女孩子喜欢温馨的淡粉色系。(图5-21)

↑ 图　5-21

课后练习

1. 将图5-22的男孩房进行上色练习。

2. 绘制一张主卧室效果图。

↑ 图　5-22

第三节　餐厅手绘效果图表现

餐厅的设计是整个住宅装修的核心部分之一,因为它是人们用餐的地方,也是人们放松和储蓄能量的地方,所以在餐厅设计的整个布局上就需要特别注意和留心。(图5-23)

⊕ 图　5-23

一、餐厅设计注意事项

(1)要与自己的生活习惯、个人爱好相吻合。餐厅设计的关键在于餐桌的选择上,所以餐厅桌椅的选择也是非常重要的,一定要与房屋的整个设计风格相一致。

(2)注意色彩的搭配。餐厅设计时,应该注意房间之间、房间和家具之间的色彩不能反差太大,更不能为了突出个性而忽视了颜色之间的搭配。所以,在选择色彩时,切忌颜色过多,可以多用中性色,如沙色、石色、浅黄色、灰色、棕色,这些色彩能给人宁静的感觉。

(3)餐厅在用材方面,陶瓷地砖、陶瓷锦砖较常用,陶瓷地砖坚固耐用、色彩鲜艳、易清洗、防火、耐腐蚀、耐磨,较石材质地要轻便。

(4)餐厅设计时,应该注重它的实用性和效果的结合。最重要的就是要先考虑实用性,在满足了这个要求的基础上再配置一些家具用品等,就能使房间更加美观和舒适。

(5)设计时必须要有自己的风格,切忌千篇一律。要设计成欧式的、美式的、法式的、韩式的还是现代简约的风格,自己在设计之前一定要弄明白。不能在设计过程中一直犹豫,以致设计风格被弄得面目全非。

二、餐厅家具及陈设尺寸

餐桌:中式的高度为750～780mm(一般),西式的高度为680～720mm。

长方桌:宽度为800mm、900mm、1050mm、1200mm,长度为1500mm、1650mm、1800mm、2100mm、2400mm。

圆桌:直径为900mm、1200mm、1350mm、1500mm、1800mm。

椅凳类家具的座面:高度为400mm、420mm、440mm。

桌椅:高度差应控制在280～320mm范围内。

酒柜：深度为 250 ～ 400mm（每一格），下大上小型酒柜下方深度为 350 ～ 450mm，高度为 800 ～ 900mm。

餐桌：离墙距离应达到 800mm，这个距离是包括把椅子拉出来，以及能使就餐的人方便活动的最小距离。

吊灯：和桌面之间最合适的距离为 700mm，这是能使桌面得到完整、均匀照射的理想距离。例如，要想舒服地坐在早餐桌的周围，凳子的合适高度应该是多少？应该为 800mm。对于一张高为 1100mm 的早餐桌来说，这是摆在它周围凳子的理想高度。因为在桌面和凳子之间还需要 300mm 的空间来容下双腿。

通过以上的学习，我们了解了餐厅的用材、色调、尺寸等理论知识，这对手绘方案效果图将起到很大的作用。下面进入方案效果图的绘制步骤与设计阶段。

三、餐厅透视效果图的绘制步骤及案例展示

（1）如图 5-24 所示，截取已经布局好的餐厅平面图，设定 SP 立点的位置。

（2）绘制一条视平线，在 HL 视平线上定出灭点与测点位置，画出餐厅空间透视线框。

（3）定位风格，依据透视绘制家具陈设，注意比例。

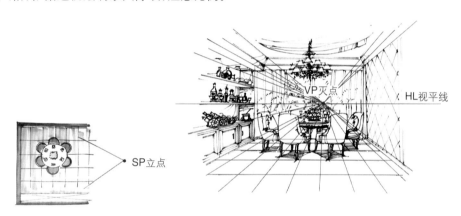

☻ 图　5-24

（4）用马克笔、彩铅上色并赋上材质，并使整体色调协调。（图 5-25）

餐厅设计效果图

☻ 图　5-25

室内设计手绘技法

案例一：本方案依据长度与宽度相差不大的餐厅基本户型,这样的户型一般摆放圆桌较为合适,例图中面积约为 20m²,可摆放 6 人餐桌。在立面墙体的造型上设计了深度为 400mm 的酒柜；右边的墙面设计了软包材质,起到很好的隔音效果。在面积不大的空间中还可以装饰玻璃镜面,可起到扩大空间的效果。在整体的色调上以暖色系为主,透视效果图选择了一点透视表现（图 5-25）。

案例二：本方案设计的是以现代简洁风格为主的作品,餐桌椅选择 8 人坐的长方形餐桌,顶棚配置水晶吊灯,结合立面墙上的玻璃镜面效果,以一般状态下的两点透视表现冷灰色调场景。（图 5-26）

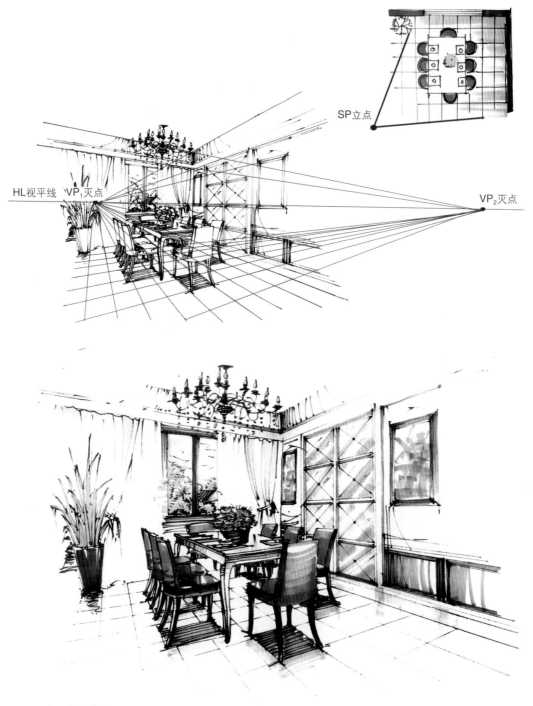

餐厅设计效果图

↑ 图 5-26

课堂练习

找出下面透视线稿图中的灭点与视平线,并进行临摹上色。(图 5-27)

应注意以下几点。

(1) 材质表现到位。

(2) 色调协调统一。

(3) 应虚实结合进行表现。

SP立点

⬆ 图 5-27

第四节　厨房手绘效果图表现

一、厨房的造型

厨房设计的最基本概念是"三角形工作空间",所以洗菜池、冰箱及灶台都要安放在适当位置,最理想的是呈三角形,相隔的距离最好不超过 1m。在设计工作之初,最理想的做法就是根据个人日常操作家务的程序作为设计的基础。

（1）一字形：把所有的工作区都安排在一面墙上,通常在空间不大、走廊狭窄情况下采用。所有工作都在一条直线上完成,可节省空间。但工作台不宜太长,否则易降低效率。在不妨碍通道的情况下,可安排一块能伸缩调整或可折叠的面板,以备不时之需。（图 5-28）

↑ 图　5-28

（2）走廊形：将工作区安排在两边平行线上。在工作中心分配上,常将清洁区和配膳区安排在一起,而烹调独居一处。如有足够空间,餐桌可安排在房间尾部。（图 5-29）

↑ 图　5-29

（3）L形：将清洗、配膳与烹调三大工作中心依次配置于相互连接的 L 形墙壁空间中。最好不要将 L 形的一面设计过长，以免降低工作效率，这种空间运用比较普遍、经济。（图 5-30）

☝ 图　5-30

（4）U形：工作区共有两处转角，与 L 形的作用大致相同，空间要求较大。水槽最好放在 U 形底部，并将配膳区和烹饪区分设两旁，使水槽、冰箱和炊具连成一个正三角形。U 形之间的距离以 1200 ～ 1500mm 为准，使三角形总长、总和在有效范围内。此设计可增加更多的收藏空间。（图 5-31）

☝ 图　5-31

（5）变化形：根据四种基本形态演变而成，可依空间及个人喜好有所创新。将厨台独立为岛型，是一款新颖而别致的设计；在适当的地方增加台面设计，并灵活运用于早餐、插花、调酒等方面。（图 5-32）

↑ 图　5-32

二、了解厨房基本设施的尺寸

工作台高度依人体身高设定，橱柜的高度以适合最常使用厨房者的身高为宜，工作台面的高应为 800 ～ 850mm；工作台面与吊柜底的距离约需 500 ～ 600mm；吊柜门的门柄要方便最常使用者的高度，而方便取存的地方最好用来放置常用品；吊柜一般装在 1450 ～ 1500mm 处。开放式厨房的餐桌或吧台距离适中，可以把桌面升高至 1000 ～ 1100mm，椅子或吧凳可设置高度为 400 ～ 450mm。在吧台下面加置一个脚踏，可令人坐得很舒服。厨房燃气灶台的高度，以距地面 700mm 为宜。在厨房两面相对的墙边都摆放各种家具和电器的情况下，中间需留 1200mm 的距离才不会影响在厨房里做家务。

三、厨房的材料应用

橱柜面板强调耐用性，橱柜门板是橱柜的主要立面，对整套橱柜的观感及使用功能都有重要影响。防火胶板是最常用的门板材料，柜板也可使用透明玻璃、磨砂玻璃、铝板等，可增添设计的时代感。厨房的顶面、墙面宜选用防火、抗热、易于清洗的材料，如釉面瓷砖墙面、铝板吊顶等。厨房的地面宜用防滑、易于清洗的陶瓷块材地面。整体来说，厨房的装饰材料应色彩素雅、表面光洁、易于清洗。

四、厨房的设备

厨房设计时应合理布置灶具、排油烟机、热水器等设备，必须充分考虑这些设备的安装、维修及使用安全。

通过以上的学习，我们对厨房的布局、尺寸、材料、安装设备等有了一定的了解，下面进入方案效果图的绘制步骤与设计阶段。

五、厨房透视效果图的绘制步骤及案例展示

（1）如图 5-33 所示，参照 SP 立点位置，在 HL 视平线上定出灭点位置，画出室内空间透视线框。

（2）定位风格，依据透视绘制家具陈设，注意控制好比例。

（3）用马克笔、彩铅上色并赋上材质，使整体色调协调。

案例一：变化形的厨房布局效果 （图5-33）。

➕ 图 5-33

案例二： U形的厨房布局效果（图5-34）。

➕ 图 5-34

案例三：L 形的厨房布局效果（图 5-35）。

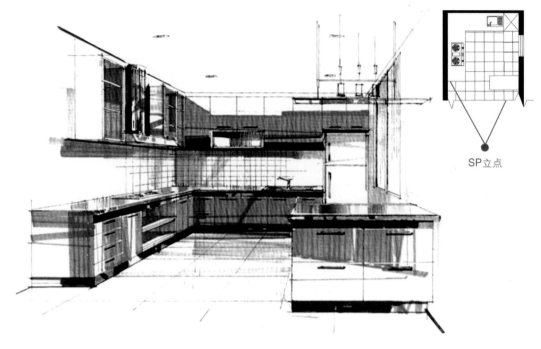

SP立点

⬆ 图　5-35

课后作业

收集一字形、L 形、U 形、走廊形、变化形的图片素材，并绘制成透视图。

第五节　书房手绘效果图表现

一、书房设计要点

书房是收藏书籍和读书写作的地方。书房内要相对独立地划分出书写、计算机操作、藏书以及小憩的区域，以保证书房的功能性，同时注意营造书香与艺术氛围，力求做到"明"、"静"、"雅"、"序"。

（1）照明采光：书房务必要做到"明"。作为主人读书写字的场所，对于照明和采光的要求应该很高，因为人眼在过于强和弱的光线中工作，都会对视力产生很大的影响，所以写字台最好放在阳光充足但不直射的窗边。这样在工作疲倦时还可凭窗远眺一下以休息眼睛。书房内一定要设有台灯和书柜用的射灯，便于主人阅读和查找书籍。但注意台灯要光线均匀地照射在读书写字的地方，不宜离人太近，以免强光刺眼。

（2）隔音效果："静"对于书房来讲是十分必要的，因为人在嘈杂的环境中工作效率要比安静环境中低得多，所以在装修书房时要选用隔音、吸音效果好的装饰材料。天棚可采用吸音石膏板吊顶，墙壁可采用 PVC 吸音板或软包装饰布等装饰，地面铺设木地板或者地毯，窗帘要选择较厚的材料，以阻隔窗外的噪声。

（3）空间布局：书房的布局要尽可能地"雅"。在书房中不要只是放置一组大书柜，再加一张大写字台、一把椅子，可以把自己的情趣充分融入书房的装饰中，一件艺术收藏品、几幅令人钟爱的绘画或照片、几幅亲手写就的墨宝，哪怕是几个古朴简单的工艺品，都可以为书房增添几分淡雅、几分清新。

（4）内部摆设：书房，顾名思义是藏书、读书的房间，一般有很多种书，又有常看、不常看和藏书之分，所以可将书进行一定的分类存放，应讲究一个"序"字。可将书房分为书写区、查阅区、储存区等，这样既使书房井然有序，还可提高工作效率。书房内陈设有写字台、计算机操作台、书柜、坐椅、沙发等。写字台、坐椅的色彩、形状要精心设计，做到坐姿合理舒适，操作方便自然。在色调方面可使用冷色调或中性色调。宜用典雅、古朴、清幽、庄重的风格。书橱内可点缀些工艺品，墙上挂一些装饰画，以打破书房里略显单调的氛围。（图5-36）

🔓 图　5-36

二、书房设计风格

书房同其他居室空间一样，风格是多种多样的，很难用统一的模式加以概括。以下从三方面简要分析书房风格。

- 中式传统风格：一般要求朴实、典雅，体现传统意义上"书斋"的韵味。
- 欧陆风格：所谓欧陆风格是对欧洲古代和近代室内风格的总称。
- 现代风格：现代风格的最大特点是简洁、明了，抛弃了许多不必要的附加装饰，以平面构成、色彩构成、立体构成为基础进行设计，特别注重空间色彩以及形体变化的挖掘。

三、书房家具尺寸

固定式书桌：深度为450 ～ 700mm（600mm最佳），高度为750mm；

活动式书桌：深度为650 ～ 800mm，高度为750 ～ 780mm；

书桌下缘离地至少为580mm，长度最少为900mm（1500 ～ 1800mm为最佳）。

对书柜类也有标准，国标规定调板的层间高度不应小于220mm。小于这个尺寸，就放不进32开本的普通书籍。考虑到摆放杂志、影集等规格较大的物品，隔板层间高一般选择300 ～ 350mm。

通过以上的学习,我们了解了书房的采光、布局、风格、尺寸等理论知识。下面进入方案效果图的绘制步骤与设计阶段的学习。

四、书房手绘效果图的绘制步骤

（1）如图 5-37 所示,参照 SP 立点位置,在 HL 视平线上定出两灭点位置,画出书房空间透视线框。

（2）定位风格,依据透视绘制家具陈设,注意比例尺寸。

（3）用马克笔、彩铅上色并赋上材质,整体色调要协调。

课堂练习

将书房进行透视线稿绘制,并进行上色表现。

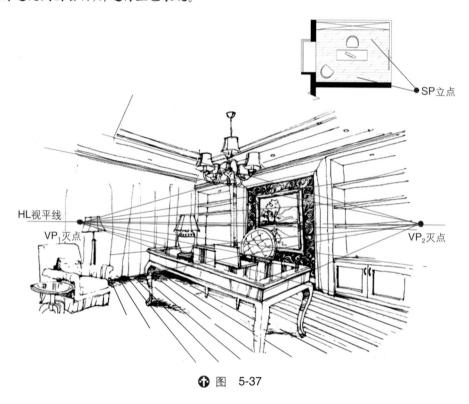

◆ 图 5-37

第六节 卫浴间手绘效果图表现

一、卫浴间设计要点简述

（1）卫浴间设计应综合考虑盥洗、沐浴、厕所三种功能的使用。

（2）卫浴间的装饰设计不应影响内部的采光、通风效果,电线和电器设备的选用和设置应符合电器安全规程的规定。

（3）地面应采用防水、耐脏、防滑的地砖、花岗岩等材料。

（4）墙面可采用光洁素雅的瓷砖。

（5）顶棚宜用塑料板材、玻璃和半透明板材等吊板,也可用防水涂料装饰。

（6）卫浴间的浴具应有冷、热水龙头,浴缸或淋浴宜用活动隔断分隔。

（7）卫浴间的地坪应向排水口倾斜。

（8）卫浴洁具的选用应与整体布置协调。

二、卫浴间形式与色彩搭配

（1）卫浴间的设计：包括各种装饰材料的选择、颜色的搭配、空间的配置等。

（2）色彩：卫浴间的色彩宜选择具有清洁感的冷色调、低彩度、高明度的色彩为佳。

（3）空间：在卫浴间的一面墙上装一面较大的镜子，可使视觉变宽，而且便于梳妆打扮。门口的卫浴间进行设计，缝隙应由平常的下方通风改为上方通风，这样可避免大量冷风吹到身上。在卫浴间门后较高处可安装上一个木制小柜，放一些平时不经常用又可随用随取的东西，这样可以解决卫浴间的壁柜不够用的矛盾。

三、卫浴间装修建议

卫浴间的设计基本上以方便、安全、易于清洗及美观得体为主。由于水汽很重，内部装潢用料必须以防水物料为主。

在地板方面，以天然石料做成地砖，既防水又耐用。大型瓷砖清洗方便，容易保持干爽；而塑料地板的实用价值甚高，加上饰钉后，其防滑作用更显著。

浴缸是卫浴间内的主角，其形状、颜色、大小都是在选购时要考虑的问题。卫浴间装修重点在于通风透气。其次照明一般以柔和的亮度就足够了。镜子是化妆打扮的必需品，在卫浴间中自然相当重要。同时可放置盆栽，湿气能滋润植物，使之生长茂盛，增添卫浴间生气。

四、卫浴间内洁具等尺度要求

1．淋浴器及盥洗盆高度

淋浴器在 2050 ～ 2100mm 之间，盥洗盆高度（上沿口）在 700 ～ 740mm 之间为宜，站立空间宽度不得少于 500mm。

2．卫浴间里的用具要占多大地方

马桶所占的面积一般为 370mm×600mm，悬挂式或圆柱式盥洗池可能占用的面积一般为 700mm×600mm，正方形淋浴间的面积一般为 900mm×900mm，浴缸的标准面积一般为 1600mm×700mm。

3．安装一个盥洗池并能方便地使用，需要的空间是多大

900mm×1050mm 这个尺寸适用于中等大小的盥洗池，并能容下另一个人在旁边洗漱。

4．浴缸与对面的墙之间的距离要有多远

即使浴室很窄，也要在安装浴缸时留出走动的空间，总之浴缸和其他墙面或物品之间至少要有 600mm 的距离。

5．两个洗手洁具之间应该预留多少距离

两个洗手洁具之间的距离一般为 200mm，这个距离包括马桶和盥洗池之间，或者洁具和墙壁之间的距离。

6．相对摆放的澡盆和马桶之间应该保持多远距离

澡盆和马桶之间的距离一般为 600mm。这是能从中间通过的最小距离，所以一个能相向摆放的澡盆和马桶的洗手间应该至少有 1800mm 宽。

7．要想在里侧墙边安装下一个浴缸，洗手间至少应该有多宽

洗手间宽度至少一般为 1800mm。这个距离对于传统浴缸来说是非常合适的。如果浴室比较窄，就要考虑安装小型的带座位的浴缸了。

8．镜子应该装多高

镜子应该装的高度一般为 1350mm，这个高度可以使镜子正对着人的脸。卫生间壁镜底部不得低于 900mm，顶部不能超过 2000mm。

通过对卫浴空间装修方面知识的了解，为手绘方案效果图打下很好的基础，以下是方案效果图的绘制步骤与设计阶段。

五、卫浴室透视效果图的绘制步骤及案例展示

（1）设定 SP 立点位置，画出 HL 视平线，定出 M 测点及 VP 灭点位置，画出卫浴室透视线框；

（2）定位风格，依据透视绘制家具陈设，注意比例；

（3）用马克笔、彩铅上色并赋上材质，整体色调要协调。

案例一：图 5-38 中的效果图以微动状态下的两点透视方法绘制。因卫浴间面积较小，且多数以放置洁具为主，装饰较简单，采用了马赛克做装饰背景墙，瓷砖铺地面，整体色调以灰调子表现。

SP立点

⬆ 图　5-38

案例二：图 5-39 中的效果图以一般状态下的两点透视表现，因面积较为宽敞，在放置了洁具的基础之上，设置了淋浴与浴缸，功能性更多，另外在墙的右面还设计了大的储藏柜，方便物品的整理。

🔴 图　5-39 （范晶晶作品）

课后作业

　　找出这两张图的 VP 灭点与 HL 视平线，将其线稿绘制于 A3 的绘图纸上，加以上色。（图 5-40、图 5-41）

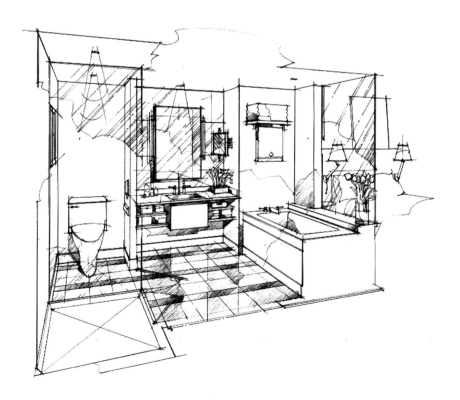

🔴 图　5-40

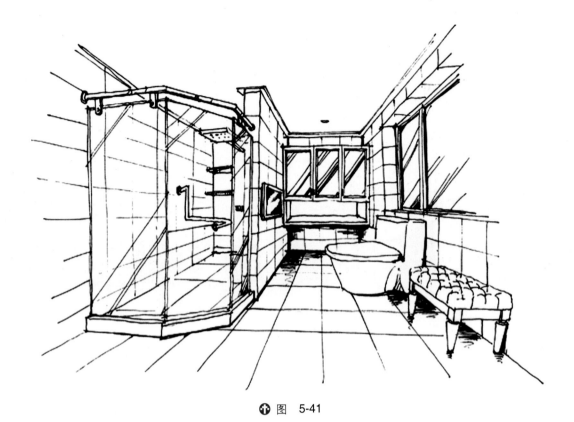

⬆ 图　5-41

第六章

公共空间效果图表现

SHINEISHEJISHOUHUIJIFA

SHINEISHEJISHOUHUIJIFA

SHINEISHEJISHOUHUIJIFA

课程内容

公共空间的透视效果图设计表现。

知识目标

掌握公共空间各区域及界面设计、材质及色彩的应用与表现。

能力目标

提高设计感与构思能力。

第一节 酒店大堂手绘效果图表现

一、酒店大堂功能区域

大堂实际上是包含门厅、总服务台、休息厅、大堂吧、中庭、楼(电)梯厅、餐饮和会议等其他设施。

1. 门厅

门厅是迎送客人的礼仪性场所,是休息、等候、交流的重要空间。

2. 总服务台

(1)总服务台(图6-1)是大堂活动的主要焦点,处在大堂较明显的地方。

⊕ 图 6-1

(2)总台附近最好有总台办公室或贵重物品储物间。

(3)总台的设备有钥匙存放架、保险箱、资料架等。

(4)总台的设置为柜式(站立式),也可以设置为桌台式(坐式)。

(5)总台的设计因素包括:①色彩及配饰。②灯光设计。③界面设计。

3.休息厅

休息厅可以方便旅客等候、会友、休息等。在位置的选取上,应排除休息区的所有干扰因素;在装修、色彩、照明等方面,力争创造一个相对宁静、亲切、融洽、舒适的环境气氛。休息区的设计既要与大堂中其他功能空间有所划分,又不打破大堂空间的整体性,即创造有虚空间特征的子空间,可以利用地面、天花、灯具、景观、家具陈设等手段表现。若要设计隔断,应注意隔断的高度要充分考虑人们坐视时的空间感觉。(图6-2和图6-3)

✿ 图　6-2

✿ 图　6-3

4.大堂吧

大堂吧一般设有咖啡吧、茶座、钢琴等。活动区域可以划分为吧台区、视听表演区、休闲就餐区、书报借阅区等。注意事项如下:

(1)根据酒店的实际客人流量确定大堂酒吧面积,应与客人流量相吻合;

(2)要与服务后场紧密相连;

（3）如空间不大或位置不相对，建议不设酒水台，有服务间即可；

（4）有些酒店的大堂吧与咖啡厅可以结合在一起，以便有效地利用空间及资源。早晨可以提供住店客人的自助早餐，中午、晚上可以是特色自助餐。（图6-4）

⊕ 图　6-4

5．中庭

（1）中庭一般为小中见大、大中有小的共享空间（结合建筑实际情况而设计）。

（2）顶棚采光应具有室外空间感。

在图6-5中，使用马克笔和彩铅搭配表现，从中能学到室内植物棕榈树的手绘画法和接待厅的画法，整个室内装修设计以极简的设计手法表现了明亮现代的中庭空间。

⊕ 图　6-5

6．其他设施

楼（电）梯厅、餐饮中心和会议室、商务中心、邮电局、银行等其他设施可视情况灵活设计。

二、大堂装修材质

对于豪华酒店，大堂必须体现出高贵、典雅、华丽的气派。地面和墙面宜用高级材料装修，色彩宜沉稳、洁净。有的酒店门厅柱子使用不锈钢贴面或圆形进口花岗石贴面，的确能营造非凡气势。大堂设计有赖于对空间造型、比例尺度、色彩构成、光照明暗、材料质感等诸多因素的成功组合。

三、大堂照明设计要求

门厅：应显示愉快、殷勤好客的气氛，与建筑装饰艺术相结合。

入口休息厅：应创造使人愉悦和吸引人的照明效果，以较高的照度在有高光照明或自然光的入口和门厅之间创造柔和的过渡。照明灯具表面应有优美的式样和吸引人的色彩，简单的方法是采用具有间接型照明的下射轻便灯。

前台：这是客人首先寻找的地方，应有较高照度，常采用办公型照明设备。悬挂式和嵌入式也是常用的。

四、大堂手绘设计效果图

案例一：设计作品中将建筑规划与室内空间融合为一体，更强调空间感。空间感是建筑体面的虚实围合给人的心理感受。（图 6-6）

⬆ 图　6-6

案例二：如何将室外的光、水、绿化引入室内，营造不一样的室内场景，同样也是设计的重点，图 6-7 中以轴对称的方式进行设计，整个场景空间大气且庄重，空间进深层次感强。

室内设计手绘技法

⬆ 图　6-7

　　案例三：如图 6-8 和图 6-9 所示，两张透视效果图极其强烈地表现了空间场景，构图完整，彩铅与马克笔结合使用，使绘制效果细腻、逼真，特别是灯光与地面的反光效果处理得特别微妙。

　　案例四：如图 6-10 和图 6-11 所示，作品采用现代简欧风格和一点透视效果，水彩上色时很细腻，色阶过渡柔和，光影处理恰当。在地面铺装设计上应用了石材、瓷砖、大理石、花岗岩等拼贴图案的手法表现；其次水景与绿化等景观元素为整个场景增添了不少灵气。

⬆ 图6-8 （酒店接待厅效果，王美达作品）

⬆ 图6-9　（休息厅效果，王美达作品）

⬆ 图6-10　（酒店前厅）

⬆ 图6-11　（酒店候客厅）

　　图 6-12 所示为大堂接待厅效果图,色彩搭配柔和,地毯与沙发纹理绘制细腻,表现的空间较宽敞大气,整体效果较好。

⬆ 图　6-12

课后作业

绘制酒店大堂场景效果图一张,要求:风格确定,透视把握准确,色彩协调。

第二节 餐饮空间手绘效果图表现

一、餐饮空间的分类

餐厅大致可分为中式餐厅和西式餐厅两大类,此外,还有宴会厅、自助餐厅、主题餐厅、酒吧、快餐厅、日式餐厅等。通常比较注重区域的划分,一般分为开敞式与封闭式。

二、餐饮设施的常用尺寸

餐厅服务走道:最小宽度为900mm。

餐桌:最小宽度为700mm。

四人方桌大小为900mm×900mm,四人长桌大小为1200mm×750mm,六人长桌大小为1500mm×750mm,八人长桌大小为2300mm×750mm。

一人圆桌最小直径为750mm,二人圆桌最小直径为850mm,四人圆桌最小直径为1050mm,六人圆桌最小直径为1200mm,八人圆桌最小直径为1500mm。

餐桌高:720mm。

餐椅座面高:440～450mm。

吧台固定凳高:750mm。

吧台桌面高:1050mm。

服务台桌面高:900mm。

搁脚板高:250mm。

三、餐饮空间的自然采光和人工照明

餐馆的光源来自于自然采光和人工照明两个方面。自然采光主要是指日光与天空漫反射光,人工照明包括各种各样的电源灯。例如吊灯、吸顶灯和筒灯。

四、餐厅色彩与材质应用

餐饮空间设计的色彩艺术应用是一门综合性的学科,它并没有固定模式。要做好主题餐饮空间的色彩设计,首先要确定主题餐饮空间总体的基调,然后再针对主题餐饮空间的不同区域功能来设定搭配局部色调。处理色彩关系一般是根据"大调和、小对比"的基本原则,即大的色块间讲究协调,小的色调与大的色调间讲究对比,在总体上应强调统一。下面两张作品分别以暖色调(图6-13)与冷色调表现(图6-14)。

在地面铺装设计上,可用石材、瓷砖、大理石、花岗岩等拼贴图案的手法。墙面造型设计一般用石材、壁布、软包、金属等材质,结合墙饰的搭配,可设计不同的风格特色。墙饰的种类繁多,现代餐馆或饭店的餐厅内不仅运用

室内设计手绘技法

各种绘画、书法、装饰画等装饰墙面,还运用各种工艺品、民风民俗日用品及织物、金属等表现文化风情、艺术流派等。顶棚设计依据室内空间净高进行吊顶的装饰,灯光方面多用日光灯管和筒灯结合。在顶棚的构造设计方面可应用的材料有:金属面板、矿棉板、T形龙骨铝制板、塑料格栅、纸面石膏板、轻钢龙骨、木作造型吊顶等。

➕ 图　6-13

➕ 图　6-14

114

五、餐饮空间效果图表现

1．简欧风格餐厅

案例一：以对等状态下的一点透视表现为主，吊顶的造型与左右两墙面的造型一致，绘制效果严谨。（图 6-15）

图　6-15

案例二：本方案以微动状态下的两点透视进行表现，由于空间较大，在效果图的表现方面将视点定得比较高，吊灯绘制得相当详细，画风严谨，门与窗圆拱的造型及柱头装饰凸显风格特色。（图 6-16）

图6-16　（陈华国作品）

案例三：采用一点透视法进行表现，在铺砖与木屏风隔断上应用的材质表现到位。（图6-17）

2．简中风格餐厅效果

采用两点透视法进行表现。在马克笔上色技法方面用笔娴熟，在材质与色调方面将设计风格表现得相当到位。（图6-18）

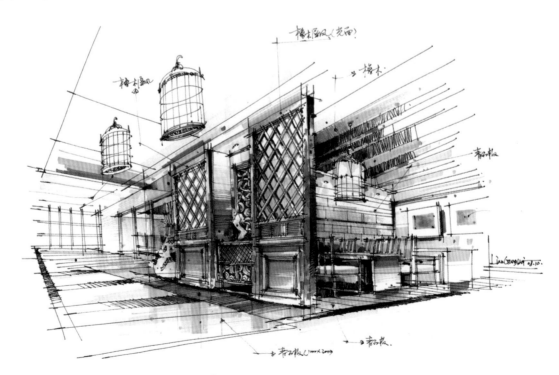

↑ 图6-18　（连柏慧作品）

3．现代简约风格

案例一：现代简约风格以一点透视表现为主。家具陈设配置方面，造型以圆形沙发为主，与吸顶灯要协调统一，地面铺砖与柱体的纹理刻画细致，空间展示为开敞式。（图6-19）

⊕ 图 6-19

案例二：该作品绘制效果严谨规整，在简约的基础上不失细节刻画，如灯上的花纹、吊顶结构、木窗等。（图6-20）

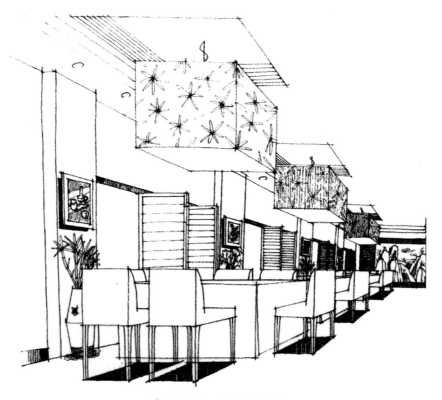

⊕ 图6-20 （陈华国作品）

案例三：该作品用两点透视进行表现，设计时尚。在用笔技法方面，下笔干脆利落，细节刻画精细，刚柔并进。在灯光表现与材料质感方面，上色效果的视觉感特别强。（图6-21）

⬆ 图6-21　（连柏慧作品）

案例四：该作品餐厅用的材质基本上是木材与石材，简洁大气，在木材质的刻画方面非常细致，场景进深感强。（图6-22）

⬆ 图6-22　（连柏慧作品）

案例五：以餐厅一角进行效果图表现,窗边的帷幔装饰与顶棚的采光玻璃将场景营造得别有一番特色。
(图 6-23)

✦ 图6-23 （潘韦铭作品）

案例六：该酒店宴会厅场景设计由于户型较大且顶棚较高,因此在绘制效果图时,将视点定得比较高。在顶棚的设计方面绘制得较为细致且结构层次分明,表现的场景气氛好,纵深感强。（图 6-24）

✦ 图6-24 （赵睿作品）

案例七：该酒店西餐厅手绘效果图,色彩过渡柔和,地毯、咖色大理石纹理绘制效果与材质的反光效果处理得很细腻、逼真。(图6-25)

⬆ 图 6-25

案例八：该作品为灰色调的餐厅效果,在上色方面把握得很有分寸,构图饱满。(图6-26)

⬆ 图6-26 (赵睿作品)

课后作业

绘制餐厅效果图,风格自定。

第三节　娱乐空间手绘效果图表现

娱乐空间包括:卡拉 OK、KTV、跳舞池、夜总会、酒吧等。本节以 KTV 包厢进行重点介绍。

一、KTV 包厢分类

无论是酒吧、歌舞厅还是餐厅的 KTV 包厢,在确定空间时都可根据接待人数,将空间面积分为小型、中型、大型等类型。

(1) 小型 KTV 包厢

酒吧、歌舞厅的小型 KTV 包厢面积一般在 9m² 左右,能接待 6 人以下的团体顾客。尤其是附设洗手间、吧台、舞池的较为受欢迎。小型 KTV 包厢更能表现出紧密温馨的环境。

(2) 中型 KTV 包厢

面积在 11 ~ 15m²,能接待 8 ~ 12 人左右,除配备基本的电视、计算机点歌、沙发、茶几、电话等设施外,还应根据实际情况设有吧台、洗手间、舞池等。这样的环境显得更舒适。

(3) 大型 KTV 包厢

面积一般在 25m² 左右,能同时接待 20 人的大型 KTV 包厢在酒吧、歌舞厅中所占的比重较小,一般只有一两个设施,功能都比较齐全,应表现出豪华、宽敞的特点。

二、KTV 设计要点

KTV 包厢装修时应注意吊顶、装饰灯、LED 灯、娱乐设备、酒具、沙发等的摆设。主要利用色彩、灯光、造型把 KTV、夜总会店面做得亮丽动人,从而吸引客人的到来。

KTV 包厢内一般有试听设备、计算机点歌台、沙发、茶几、卫生间、休息间。

在灯光设计方面,艺术照明要以装修装饰的色彩为主;常规照明应采用以亮度为主的正常照明;应急照明可采用通过蓄电池自动启动的照明设计。

KTV 选材一般包括热熔玻璃、彩绘玻璃、石材、金属板材、装饰图案壁纸、荧光地毯等。

KTV 休息区是观赏歌舞、交谈休息、喝茶饮酒的区域,在吧台设计上常采用单边形、L 形、弧形、船形等(图 6-27)。

三、KTV 包厢设计

案例一:该作品以灰色调表现为主,整体效果时尚感特别强,特别在玻璃、镜面这类反光材质的技法表现上绘制得很到位。(图 6-28)

案例二:该作品在软装饰方面凸显东南亚风格特色,顶面用红色帷幔做装饰,结合墙面装饰画显得唯美浪漫。色彩与灯光效果处理得很好。(图 6-29)

图 6-27

图6-28 （连柏慧作品）

图6-29 （雪雾藤作品）

案例三：该作品绘制效果很完整，在用色表现材质方面很到位。（图 6-30）

图6-30 （梁炜玲作品）

四、舞池设计

舞池常采用花岗岩、水磨石、木地板、激光玻璃等新颖时尚色彩；顶棚采用吸音、耐磨、防污、防刮损材料。效果图整体色彩鲜明、炫目。（图6-31）

↑ 图　6-31

课后作业

KTV娱乐空间手绘图表现。

第四节　办公空间手绘效果图表现

一、办公室的区域划分

办公空间应注意功能区域划分，在总体界面设计上应显得时尚现代，色彩以中性色调为主，同时注意空间界面的要求、功能特点及装饰材料的选用等。

办公空间功能构成如下：

（1）主要办公空间。这是办公空间设计的核心内容。一般有小型办公空间、中型办公空间和大型办公空间三种。

小型办公空间：其私密性和独立性较好。一般面积在 40m² 以内。适应专业管理型的办公需求。

中型办公空间：其对外联系较方便,内部联系也较紧密,一般面积在 50 ～ 150m² 以内,适应于组团型的办公方式。

大型办公空间：面积一般在 150m² 以上,适应于各个组团共同作业的办公方式。

（2）公共接待空间。主要进行聚会、展示、接待和会议等活动,包括接待室、会客室、会议室及各类展厅、资料阅览室、多功能厅等。

（3）交通联系空间。分水平和垂直联系空间：水平联系空间包括门厅、大堂走廊和电梯厅等空间；垂直联系空间包括电梯、楼梯和自动扶梯等。

（4）配套服务空间。包括资料室、档案室、文印室、计算机房、晒图室、员工餐厅、茶水间、卫生间、空调机房、保卫监控室、后勤管理办公室等。

二、办公室空间设计

小单间办公室的布置：封闭、安静,不方便对外联系。

中、大型敞开式办公室的布置：利于人员的联系,相对干扰大,私密性差。员工可根据工作流量组合办公桌椅,交通面积较小。

单元型办公室布置：这是企业、单位出租办公用房的首选,可分隔成接待区、大小不同的办公区和会议室。

公寓型办公室：将办公、接待和生活服务设施集体安排在一个独立的单元中,具有公寓及办公的双重特征,除办公区、接待会议区、茶水间和卫生间外,还配备了卧室和其他空间。

景观办公区：利用家具、绿化小品等对办公空间进行灵活隔断,工作人员与组团成员之间联系方便,易于创造感情和谐的工作环境。

三、办公室在设计上的要求

面积使用要求：最高级主管人员为 30 ～ 60m²/ 人,初级主管人员为 9 ～ 20m²/ 人,管理人员为 8 ～ 10m²/ 人。办公人员常用面积定额为 3.5 ～ 6.5m²/ 人。

在家具的配置方面：平面功能的布置要考虑坐椅等设备的尺寸,以及员工的活动空间。办公桌最小宽度不应小于 600mm,长度不应小于 950mm。

在色彩方面：室内空间的界面处理应简洁大方,色彩方面宜朴素、淡雅、稳重、平和,应多采用白色或淡浅灰色调。

室内照明：一般采用人工与混合照明两种形式。

在整体用材方面：还应考虑办公空间的隔音、隔热效果,以及材料的应用。

四、效果图表现设计要点

门厅：具有导向性、可识别性,可采用横向多入口布局。（图 6-32）

接待室：一般由精致的接待台、美观时尚的沙发和茶几组成。（图 6-33）

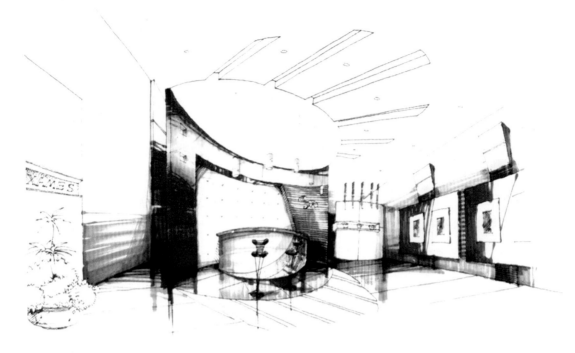

⬆ 图 6-32

⬆ 图6-33 （梁志天作品）

　　会议室：可以采用乳胶漆、墙纸饰面、软包材质、石膏板和轻钢龙骨、吸音材料。组合形式有圆形、长方形、U 形等平面,从桌边到墙边至少保留 1200mm 的距离。（图 6-34）

　　高级行政人员办公室：完整的布局为三进室,即分为秘书办公室、接待室、最高负责人办公室三个空间层次。在地面的用材方面一般使用木地板、地毯、优质塑胶;可用乳胶漆、木材质、墙纸、软包装修墙面。

✛ 图6-34　（文健、林壮荣作品）

　　最高负责人办公室：办公空间在设计方面色彩一定不可太花,色调上有2～3种色彩即可,办公设施以简约大方的格调进行配置,适当地方可添加植物来绿化环境。(图 6-35)

✛ 图6-35　（广州集美组作品）

课后作业

办公空间手绘图表现。

要求：选择最佳角度；透视把握准确；办公设备配置齐全；色调稳重大方。

第七章

综合实训作品

SHINEISHEJISHOUHUIJIFA

SHINEISHEJISHOUHUIJIFA

SHINEISHEJISHOUHUIJIFA

一、单身公寓方案设计

方案一（图 7-1）。

方案二（图 7-2）。

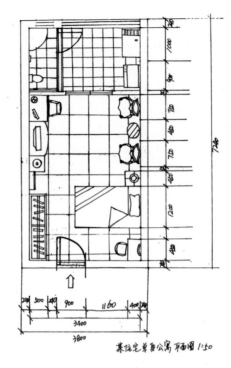

某住宅单身公寓 平面图 1:50

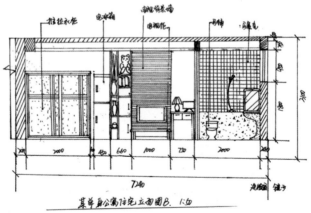

某单身公寓住宅立面图B 1:50

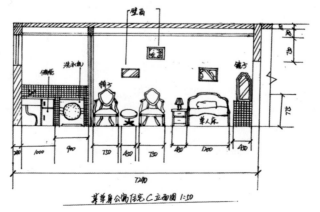

某单身公寓住宅C立面图 1:50

⬆ 图7-1 （黄婉莉作品）

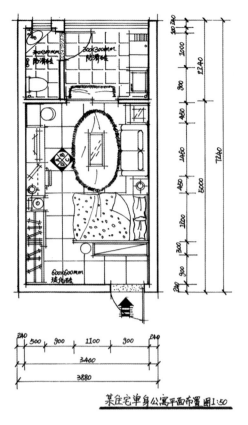

某住宅单身公寓平面布置图1:50

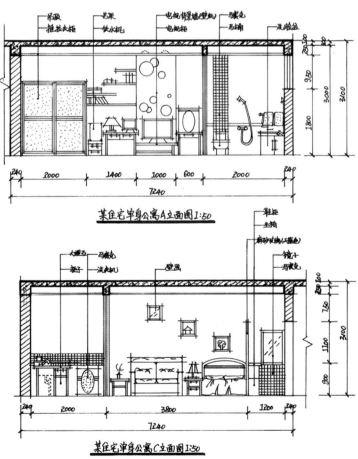

某住宅单身公寓A立面图1:50

某住宅单身公寓C立面图1:50

图7-2 （刘木容作品）

二、住宅空间设计

住宅空间设计如图 7-3 ~图 7-8 所示。

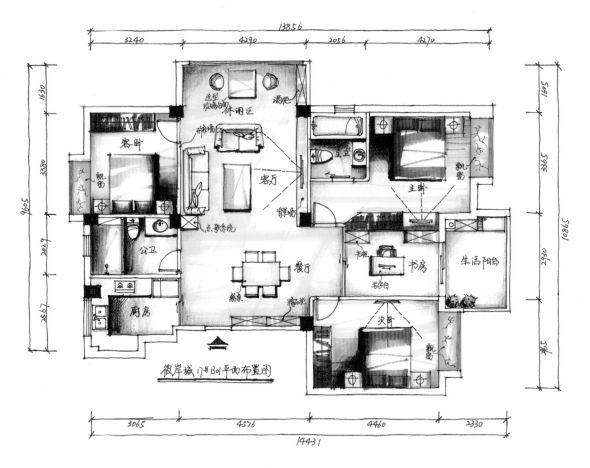

彼岸城11#B01平面布置图

⊕ 图　7-3

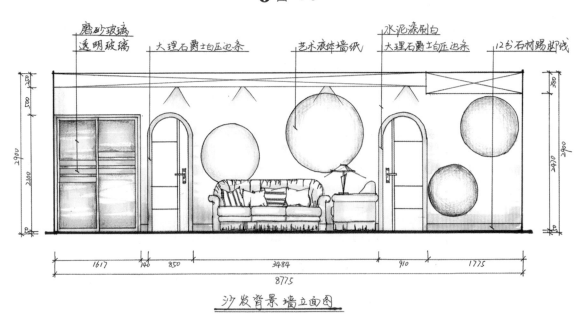

沙发背景墙立面图

⊕ 图　7-4

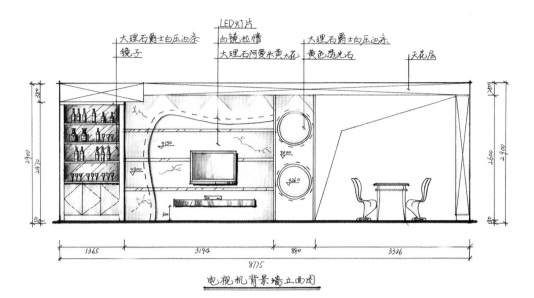

大理石爵士白压边条
镜子
LED灯片
白镜拉槽
大理石阿曼米黄大花
大理石爵士白压边条
黄色透光石
天花层

电视机背景墙立面图

✚ 图　7-5

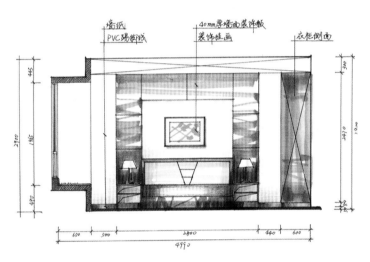

墙纸
PVC踢脚线
40mm厚墙面装饰板
装饰挂画
衣柜侧面

次卧床头背景墙立面图

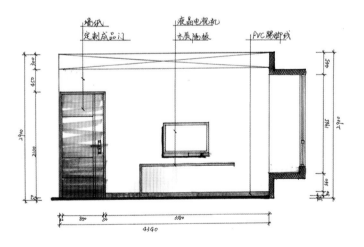

墙纸
定制成品门
液晶电视机
木质隔板
PVC踢脚线

次卧电视机背景墙立面图

✚ 图　7-6

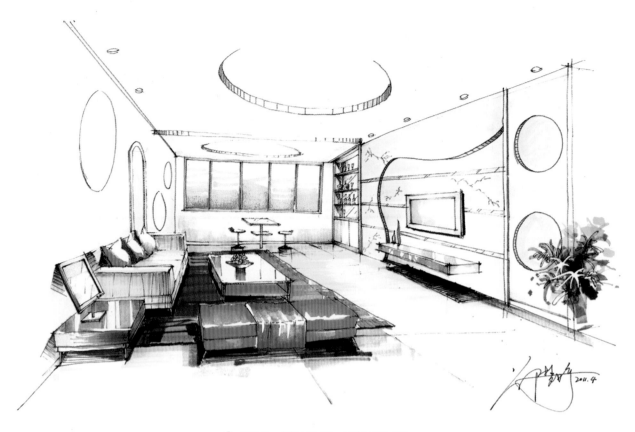

⬆ 图7-7 （客厅效果，郑梦婷作品）

⬆ 图7-8 （卧室效果，郑梦婷作品）

三、会所方案设计

本方案是以东南亚风格为主的休闲会所设计。一楼区域划分有大堂、景观池、咖啡厅、餐厅、贵宾室、露台区这几大区域。设计亮点在于大堂景观池,为了突出闲淡之情,水是一定不能够缺少的景观元素。休闲会所装修的材料有砂岩浮雕,配上东南亚特色动植物的图案、轻柔的帷幔做装饰,将会所闲情逸趣的特点表现得淋漓尽致。(图 7-9 ~ 图 7-16)

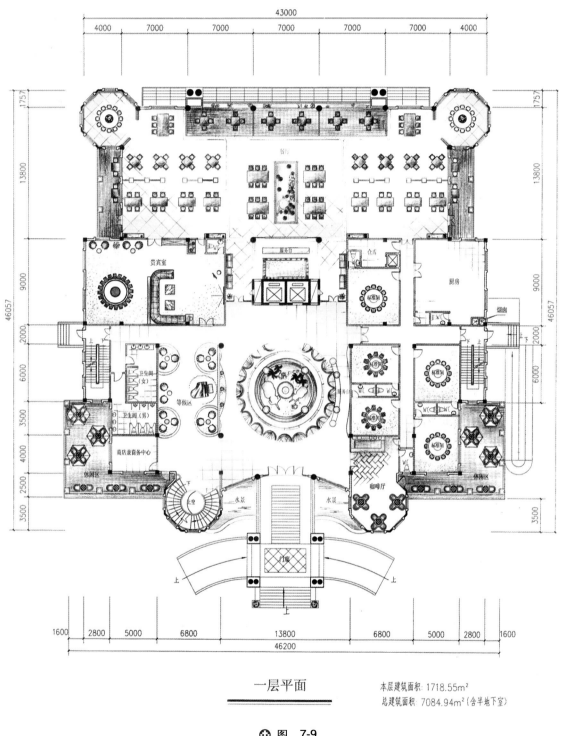

一层平面

本层建筑面积:1718.55m²
总建筑面积:7084.94m²(含半地下室)

⊕ 图 7-9

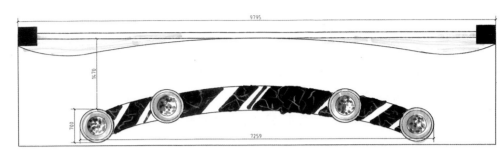

大理石踢脚线

真石漆
实木线条白色漆
时钟

暗金色大理石
内藏灯带
实木雕花金漆

砂岩浮雕
大理石台面
米黄大理石
胡桃木夹板饰面

内藏灯带
胡桃木夹板清漆
花波
大理石圆柱

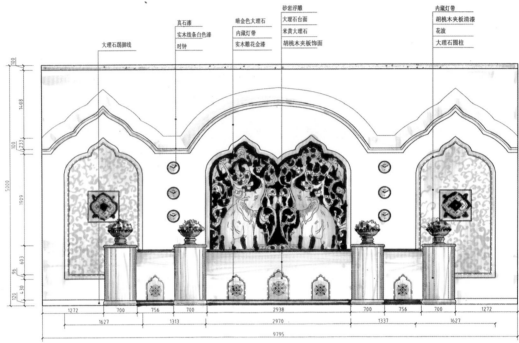

🔀 图7-10 （大堂服务台立面）

🔀 图7-11 （大堂效果图）

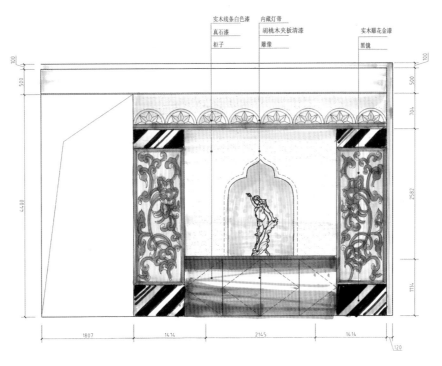

实木线条白色漆　　内藏灯带
真石漆　　胡桃木夹板清漆　　实木雕花金漆
柜子　　雕像　　黑镜

✿ 图7-12 （VIP包厢立面）

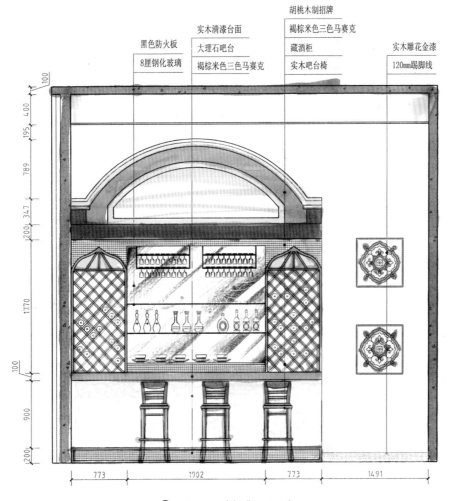

胡桃木制招牌
实木清漆台面　　褐棕米色三色马赛克
黑色防火板　　大理石吧台　　藏酒柜　　实木雕花金漆
8厘钢化玻璃　　褐棕米色三色马赛克　　实木吧台椅　　120mm踢脚线

✿ 图7-13 （咖啡吧立面）

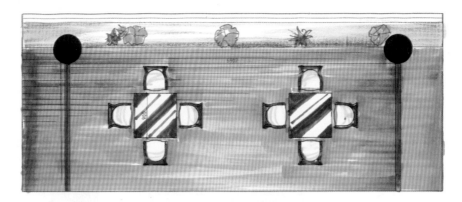

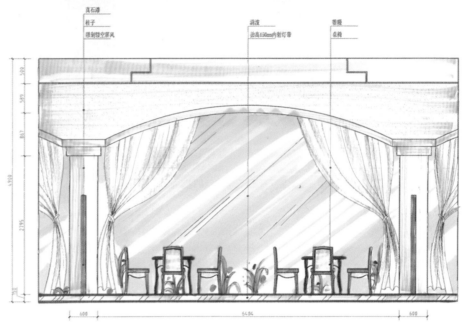

♦ 图7-14 （餐厅立面）

♦ 图7-15 （餐厅效果图）

✪ 图7-16 （VIP包厢效果图，卓丹作品）

参 考 文 献

[1] 文健．手绘效果图快速表现技法．北京：清华大学出版社，2008

[2] 连柏慧．纯粹手绘——室内手绘快速表现．北京：机械工业出版社，2009

[3] 文健．设计线描与透视．北京：中国传媒大学出版社，2006

[4] 张绮曼,郑曙阳．室内设计资料集．北京：中国建筑工业出版社，1991

[5] 张书鸿,陈伯超．室内设计概论．武汉：华中科技大学出版社，2007